# 奇妙的数学故事

## 酷酷猴非洲历险记

李毓佩◎著

长江出版传媒 | 长江文艺出版社

# 本书智慧人物

## ● 酷酷猴

　　一只不得了的小猕猴，他聪明过人，身手敏捷。他数学特别好，解题思路独特，计算速度奇快。

## ● 花花兔

　　一只活泼可爱的小白兔，特别爱穿花衣服，头上还爱插几朵小花。所以大家都叫她花花兔。

## ● 铁塔

　　黑猩猩里个头最大的，力大无穷，是黑猩猩的老头领。

## ● 金刚

　　一只狡猾的黑猩猩，是黑猩猩的新头领。想和酷酷猴一比高下。

## ● 老乌龟

　　一只守护了金字塔几千年的乌龟，知道很多金字塔的秘密。

## ● 梅森

　　非洲狮王，一心想变得更聪明，战胜所有的对手，保护自己的领地。

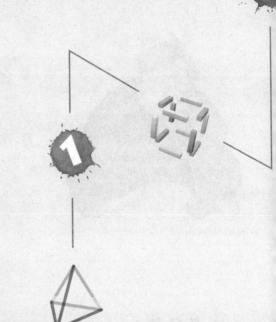

奇妙的数学故事
# 酷酷猴非洲历险记 | 目录
CONTENTS

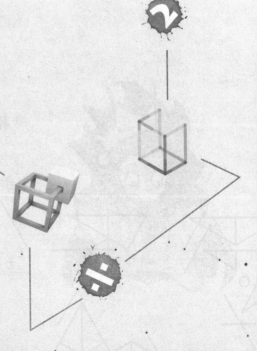

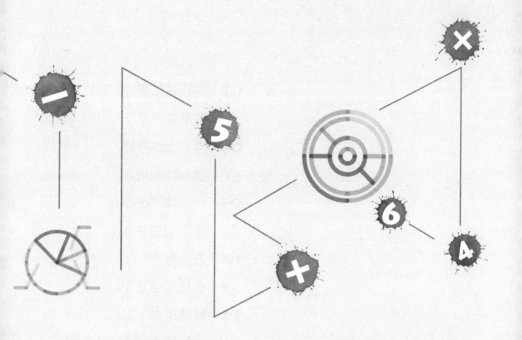

## 第一章
### 智斗黑猩猩

**01** 黑猩猩来信　　　　OO2

数学加油站 1　　　OO7

**02** 山中的鬼怪　　　　OO8

数学加油站 2　　　O13

**03** 黑猩猩的游戏　　　O14

数学加油站 3　　　O18

**04** 坚果宴会　　　　　O19

数学加油站 4　　　O24

**05** 挑战头领　　　　　O25

数学加油站 5　　　O29

**06** 双跳叠罗汉　　　　O30

数学加油站 6　　　O35

**07** 寻找长颈鹿　　O36

数学加油站 7　　O42

**08** 宴会上的考验　　O43

数学加油站 8　　O47

**09** 我的鼻子在哪儿　　O48

数学加油站 9　　O52

**10** 遭遇鬣狗　　O53

数学加油站 10　　O58

**11** 群鼠攻击　　O59

数学加油站 11　　O62

**12** 毒蛇挡道　　O63

数学加油站 12　　O68

第二章
寻找大怪物

**01** 神秘的来信　　O70

数学加油站 13　　O74

**02** 要喝兔子粥　　O75

数学加油站 14　　O81

**03** 长尾鳄鱼　　O82

数学加油站 15　　O85

**04** 鳄鱼搬蛋　　O86

数学加油站 16　　O89

**05** 破解数阵　　O90

数学加油站 17　　O94

**06** 守塔老乌龟　　O95

数学加油站 18　　099

**07**　金字塔与圆周率　100

数学加油站 19　　107

**08**　老猫的功劳　108

数学加油站 20　　111

**09**　母狼的烦恼　112

数学加油站 21　　115

**10**　蒙面怪物　116

数学加油站 22　　121

**11**　看谁最聪明　122

数学加油站 23　　125

**12**　露出真面目　126

数学加油站 24　　132

**第三章**
**非洲狮王**

**01**　雄狮争地　134

数学加油站 25　　140

**02**　追逐比赛　141

数学加油站 26　　144

**03**　智斗野牛　145

数学加油站 27　　150

**04**　狮王战败　151

数学加油站 28　　155

**05**　训练幼狮　156

数学加油站 29　　159

**06** 送来的礼物 160

数学加油站 30 164

**07** 独眼雄狮有请 165

数学加油站 31 170

**08** 变幻莫测 171

数学加油站 32 176

**09** 寻求援兵 177

数学加油站 33 181

**10** 立体战争 182

数学加油站 34 186

**11** 激战开始 187

数学加油站 35 191

**12** 最后决斗 192

数学加油站 36 197

本书知识点及答案 198

# 第一章
## 智斗黑猩猩

一只活泼可爱的小白兔，名字叫作花花兔。为什么叫花花兔呢？因为她特别爱穿花衣服，头上还爱插几朵小花，所以大家都叫她花花兔。

一天早上，花花兔拿着一封信匆匆跑来。

她一边跑一边喊着："酷酷猴，酷酷猴，你的信！从非洲来的。"

酷酷猴何许人也？酷酷猴是一只小猕猴。这只小猕猴可不得了，他聪明过人，身手敏捷。酷酷猴有两酷：他穿着入时，上穿名牌 T 恤衫，下穿牛仔裤，这是一酷；酷酷猴数学特别好，解题思路独特，计算速度奇快，这是二酷。因此同伴就把这只小猕猴叫酷酷猴。

酷酷猴听花花兔叫他，一愣："非洲来的信？谁从非洲给我来信呀？我在非洲没有熟人哪！"

酷酷猴打开信，看到上面写着：

尊敬的酷酷猴先生：

你好！我们远在非洲向你致意。听说你酷酷猴聪明过人，数学特别好。可是我们黑猩猩是人类承认的最聪明的动物，我们特地邀请你来非洲，和我们比试谁最聪明！你敢来吗？

黑猩猩

花花兔疑惑地问："去非洲？非洲离咱们多远哪！你去吗？"

酷酷猴点点头说："人家热情邀请，哪有不去之理！"

花花兔竖起耳朵，拉着酷酷猴的手，撒娇地说："听别人说，非洲特别好玩，你带上我和你一起去吧，好吗？"

酷酷猴问："那个地方可是挺危险的，你不怕吗？"

花花兔坚定地说："不怕！"

"你可别后悔，咱们现在就出发！"

花花兔摇动着自己的一对大耳朵问："怎么，咱俩就这样走到非洲去？"

"当然不是。"酷酷猴推出一辆漂亮的"太阳能风动车"，"咱俩乘这辆车去。"

花花兔围着这辆风动车转了一个圈儿。车子很漂亮，像一辆

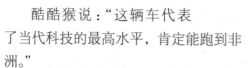

跑车，车身上贴满了
太阳能电池板，不
同的是车的后面
竖起了一个大大
的风帆。

　　花花兔怀疑
地问："就这么
一辆车，能跑到非
洲吗？"

　　酷酷猴说："这辆车代表
了当代科技的最高水平，肯定能跑到非
洲。"

　　两人乘上太阳能风动车，车飞一样地跑了起来。车上有
自动导航仪，根本就不用管它，不到一天的时间，他们就到了非洲。

　　酷酷猴高兴地说："我们来到非洲了！"

　　花花兔抹了一把头上的汗："好热啊！"

　　这时，一头大象向他俩走来。酷酷猴先向大象鞠躬，然后向
大象打听道："请问，黑猩猩住在哪儿？"

　　大象上下打量了一下他们俩，说："看你们的样子，是远道而
来的。你们坐到我的背上，我带你们去吧。"

　　酷酷猴和花花兔飞快地爬到大象的背上，边走边欣赏着非洲
大草原的美景。

　　花花兔高兴地向前一指说："看，那是斑马。"

　　酷酷猴向旁边一指："瞧，那是犀牛。"

　　几个小时过后，大象停在一片树林前，说："黑猩猩常到这儿
来玩，你们去找他们吧！"

　　酷酷猴、花花兔从象背上跳下来，和大象告别："谢谢大象！
再见！"

突然，从树林里钻出 3 只小狒狒，冲着花花兔"呼！呼！"地叫，把花花兔吓了一跳。

花花兔大声地叫道："这是什么怪东西？吓死人了！"

酷酷猴也不认识，就很客气地问小狒狒："请问，你们是什么动物？"

小狒狒笑得前仰后合："嘻嘻！你们连大名鼎鼎的狒狒都不认识？"

酷酷猴又问："这片树林里有黑猩猩吗？"

一只高个的小狒狒抢着说："这里至少有一千只黑猩猩。"

另一只矮个的小狒狒说："这里的黑猩猩不到一千只。"

一只胖狒狒慢吞吞地说："这里至少有一只黑猩猩。"

花花兔一揪自己的耳朵："你们究竟谁说得对呀？"

一只大狒狒从树上跳下来，他一指 3 只小狒狒说："他们 3 个说的只有一句是对的。"

酷酷猴拉起花花兔就走，边走边说："咱俩走吧！这里连一只黑猩猩也没有。"

花花兔奇怪地问："唉！你怎么知道这里连一只黑猩猩也没有？"

酷酷猴分析说："由于 3 只小狒狒说的只有一句是真的，所以只有 3 种可能，就是'对、错、错''错、对、错''错、错、对'。"

酷酷猴接着说："第一种情况不可能。因为'至少有一千只黑猩猩'如果是对的，那么胖狒狒说的'至少有一只黑猩猩'也应该是对的，可是大狒狒说了'他们 3 个说的只有一句是对的。'这里出现了两句都对，所以第一种情况不成立。"

花花兔点点头："分析得对！"

酷酷猴又说："第三种情况也不可能。因为'至少有一千只黑猩猩'与'黑猩猩不到一千只'这两句话中至少有一句是对的，不可能都错。而第三种情况中要求高个小狒狒和矮个小狒狒说的都是错话，这不可能。"

花花兔说："是这么个理儿！"

酷酷猴肯定地说："只有第二种情况，即'黑猩猩不到一千只'是对的，而且'至少有一只黑猩猩'必须是错的。你想，'至少有一只'是错的，只能是一只也没有。"

大狒狒竖起大拇指说："酷酷猴果然聪明！看来黑猩猩遇到真正的对手了。"

## 数学趣话

　　古希腊有一位伟大的哲学家、科学家和教育家，名字叫作亚里士多德。学术界普遍认为，他是主张研究逻辑推理的第一人。还有一点你可能不知道，那就是亚里士多德还是古代欧洲著名的亚历山大大帝的老师。

## 趣题探秘

### 1.（难度指数★★）

穿风衣的狒狒喜欢交朋友；

没有哪只没尾巴的狒狒会与大猩猩交朋友；

白眉毛的狒狒总是穿着风衣；

没有哪只爱交朋友的狒狒耳朵长；

没有哪只狒狒有尾巴，除非他们也长着白眉毛；

因此，没有哪只耳朵长的狒狒会与大猩猩交朋友。

这段推理在逻辑上正确吗？

### 2.（难度指数★★）

　　有一天，花花兔、酷酷猴、小狒狒、黑猩猩4个人一起去尼罗河钓鱼，他们每个人都钓到了鱼，一共钓到了10条鱼，后来，长颈鹿在帮他们把鱼放进冰箱里的时候发现：

　　①花花兔钓的鱼比黑猩猩多。

　　②酷酷猴和小狒狒两个人钓的鱼，与花花兔和黑猩猩两个人钓的鱼一样多。

　　③花花兔和酷酷猴两个人钓的鱼，比小狒狒和黑猩猩两个人钓的少。

　　那么，你能计算出他们每个人各钓了几条鱼吗？

## 02 山中的鬼怪

　　既然这里没有黑猩猩，酷酷猴和花花兔只好继续往前走。走了一段路，花花兔坐在地上不走了。

　　酷酷猴问："怎么不走了？"

　　花花兔拍拍自己的肚子说："我肚子饿了！走不动了！"

　　酷酷猴笑着说："这个好办，我上树给你采点野果吃。"

　　酷酷猴刚想上树，从旁边蹿出一只狒狒拦住了他。

　　狒狒厉声喝道："站住！你怎么敢随便上树？"

　　酷酷猴指着树上的串串野果说："我们走了那么远的路，肚子很饿了，你看这棵树上的果子这么多，让我上去摘点吃吧。"

　　狒狒两眼一瞪说："果子多也不能吃！"

　　酷酷猴问："这树是你的？"

　　狒狒严肃地说："这一片树林都是我们'山中的鬼怪'的！我是替他看守这片林子的。"

　　酷酷猴吐了一下舌头："山中的鬼怪？好吓人的名字！我的兔妹妹饿得走不动了，请给点野果吃好吗？"

　　狒狒眼珠一转，说："想吃果子不难，你先陪我做个游戏。"

　　酷酷猴听说做游戏，眼睛一亮，高兴地说："可以呀！我最喜欢做游戏了！"

狒狒往地上一指，酷酷猴看见地上有一个圆筐、一个方筐及一堆果子。

　　狒狒说："这里有一个圆筐和一个方筐，还有 30 个果子。我先把你的眼睛蒙上，然后我拿果子往筐里扔，你听到果子落到筐子里，就拍一下手。"

　　狒狒掏出一块宽布条，蒙上酷酷猴的眼睛。

　　酷酷猴问："你怎么个扔法？"

　　狒狒解释说："我每次扔一个或同时扔两个。扔一个时，我扔到方筐里；扔两个时，我扔到圆筐里。听清楚没有？注意，我开始扔了！"

　　狒狒开始往筐里扔果子。酷酷猴听到"咚"、"咚"、"咚"的果子落筐的声音，就"啪"、"啪"、"啪"地拍手。

　　狒狒说："我把 30 个果子都扔完了，你拍了多少下手？"

　　酷酷猴回答："18 下。"

　　狒狒问："你告诉我，方筐里有多少个果子？"

　　花花兔愤愤不平地对狒狒说："你蒙着他的眼睛，他怎么能知道方筐里有多少个果子？你是成心难为他！"

　　花花兔跑到酷酷猴身边，小声对酷酷猴说："我去给你数一数！然后偷偷告诉你。"

　　酷酷猴摆摆手说："不用数了，我已经知道方筐里有多少果子了。"

　　"多少个？"

　　"6 个。"

　　花花兔跑到方筐前一数，大叫一声："呀！真有 6 个果子！"

　　"真对了！"狒狒倒背双手，逼近酷酷猴问，"我早就听人家说，酷酷猴很狡猾的！你说实话，是不是蒙的？"

　　"蒙的？"酷酷猴说，"我给你讲讲其中的道理，你就知道我是不是蒙的了！我一共拍了 18 次手，说明你一共扔了 18 次。"

狒狒点点头说："对！"

酷酷猴又说："如果这 18 次你都是扔到了圆筐里，需要 2×18=36 个果子，而你只有 30 个果子。因此不可能全部扔进圆筐里。"

花花兔竖起大拇指，称赞说："听！分析得多透彻！"

酷酷猴继续分析："30个果子扔了18次，说明有36-30=6次是扔到了方筐里。"

花花兔抢着说："我算了一下，12次扔进圆筐，6次扔进方筐，总共是2×（18-6）+1×6=30个。一共扔了30个果子，没错！"

狒狒点点头说："既然你算对了，这30个果子就送给你们吃吧！"

酷酷猴冲狒狒行了一个举手礼："谢谢！"

花花兔高兴地扇动两只大耳朵："哈哈，有果子吃喽！"

突然传来一声吼叫，从树上跳下一只山魈。山魈的长相十分

奇特，红鼻子蓝脸。山魈的这副长相可把花花兔吓坏了。

"啊！鬼！大鬼！红鼻蓝脸的大鬼！"花花兔惊恐地叫道。

山魈冲花花兔做了一个鬼脸："耶！你才是鬼哪！我说狒狒，谁在偷吃我的果子呀？"

狒狒指指山魈，对酷酷猴和花花兔说："这就是这片树林的主人，山魈，人送外号'山中的鬼怪'。"

花花兔摇摇头说："这山魈长得也太恐怖了！"

山魈目露凶光，突然抓住花花兔，问："是不是你偷吃了我的果子？不说实话，我就把你撕成两半！"

酷酷猴赶紧上前拦住："别动手！花花兔没偷吃你的果子。"

山魈把眼睛一瞪叫道："可是她说我长得恐怖，说我长得恐怖也不成！告诉你实话吧！我山魈最爱吃兔子肉了！今天见到这么肥嫩，这么漂亮的小兔子，我能不吃吗？哈哈！"

酷酷猴问："真的要吃？"

山魈紧握双拳："铁定要吃！"

"好！你先看完了这个再吃。"酷酷猴掏出黑猩猩的信，递给了山魈，"这是黑猩猩邀请我们来的信。你把黑猩猩的客人吃了，后果如何，你自己想清楚！"

山魈听说他俩是黑猩猩请来的客人，立刻就傻眼了。

他喃喃地说："我真要把黑猩猩的客人吃了，黑猩猩肯定饶不了我，会找我算账的！黑猩猩力大无穷，我哪里是黑猩猩的对手啊！"

山魈摸着自己的脑袋说："既然你们是黑猩猩的客人，那就饶了你们！你们往前走，我刚才看见黑猩猩在前面的林子里玩哪！"

## 开心科普

"鸡兔同笼"是一类有名的中国古算题，它最早出现在《孙子算经》中。《孙子算经》是中国古代重要的数学著作，在公元四五世纪的时候写成，距今大约1500年的历史。"鸡兔同笼"问题后来传到了日本，演变为"鹤龟算"。

## 趣题探秘

### 1.（难度指数★★）

野生动物园的管理员，想统计一下公园里狮子与鸵鸟的数量。他喜欢通过计算这两种动物的头和腿的数量，来算出动物的数量。最后，他算出一共有35个头和78条腿。那么，你知道公园里分别有多少只狮子和鸵鸟吗？

### 2.（难度指数★★★）

在 123456789 这九个数字之间，加入三个常见的数学运算符，让它们的运算结果等于 100。

需要注意的是，同一种运算符可以重复使用，但是要单独计算个数，还有就是不能改变数字的顺序哦！

## 头脑风暴

### （难度指数★★★）

浩克是一位酒吧的调酒师，他正在思考一个古老的关于酒与水的问题。这个问题是这样，有两个同样的玻璃杯，一个装着酒，一个装着水，并且体积相等。首先，从水杯中舀一勺水倒入酒杯，搅拌均匀。然后，再从酒杯里把酒水混合物舀一勺倒入水杯。那么，水杯里的酒比酒杯里的水多还是少？

扫一扫看金牌教师
视频讲解

03
黑猩猩的游戏

酷酷猴和花花兔走进树林，看到一群黑猩猩在树林里又吵又闹。

一只胖黑猩猩说："我说的对！"

另一只瘦黑猩猩："不，我说的才对哪！"

一只个头最大的黑猩猩，站起来有 1.9 米的样子，看到酷酷猴和花花兔走来，吼道："停止争吵！你们没看见客人来了吗？"

大黑猩猩主动伸出手，说："我是这里的头领，叫铁塔。是我写信请你来的，欢迎远道而来的客人！"

花花兔好奇地问："你们刚才在争吵什么？是做游戏吗？"

铁塔有点不好意思地说："哦，哦，对，我们是在做一个有趣的游戏，只是总做不好。"

花花兔听说有难题，眼睛一亮，说："有什么难解的问题，只管问酷酷猴，他是解决难题的专家，不管什么难题，他都能解决！"

酷酷猴冲花花兔一瞪眼："闭嘴！不要瞎吹牛！"

"酷酷猴就不要谦虚了。"铁塔说，"我们这儿有 49 只黑猩猩，从 1 到 49 每人都发了一个号码。我想从中挑出若干只黑猩猩，让他们围成一个圆圈，使得任何两个相邻的黑猩猩的号码的乘积都小于 100。"

花花兔抢着说："这还不容易！你让从 1 到 10 的黑猩猩围成一个圆圈，任意相邻的两个数的乘积肯定小于 100。"

一只小黑猩猩跑过来对花花兔说："嘘——你还没有把问题听完哪！如果像你说得这么简单，我们早就会做了！"

　　铁塔又说："还有一个条件是：要求你挑出来的黑猩猩的数目尽量地多！花花兔，你会吗？"

　　花花兔想了一下说："肯定比 10 只要多。但是我不会做！让酷酷猴来做吧！"酷酷猴"噌"的一声蹿到了树上。铁塔叫道："酷酷猴，你要跑？"酷酷猴说："不，我习惯在树上想问题。"酷酷猴躺在树上开始思考。

　　"凡是求'最多（或最少）有几个'之类的问题都不太好解，

让我好好想想。"酷酷猴自言自语。

　　酷酷猴分析说："由于两个十位数相乘一定大于 100，因此任何两个十位数都不能相邻，嘿，有门儿啦！"说完从树上跳了下来，指挥黑猩猩围圈儿。（见下图）

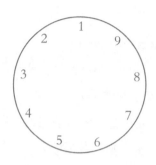

酷酷猴指挥说："请9只拿着个位数的黑猩猩，按从1到9顺序先围成一个圆圈。"酷酷猴见他们站好之后又说，"再请拿着10到18这9个十位数的黑猩猩，每人插入到两个个位数之间。"

酷酷猴见黑猩猩站好以后，说："好啦！最多可以挑出来的黑猩猩数是18只。"

铁塔问："难道就不能是19只？"

酷酷猴十分肯定地说："不能！由于个位数已经挑完，如果要选第19个数，这第19个数必然是一个十位数，不管把它放到哪儿，它总要和一个十位数相邻。而两个十位数相乘一定大于100，这是不容许的。"

铁塔竖起大拇指，称赞说："酷酷猴果然名不虚传！"

花花兔冲黑猩猩做了一个鬼脸："你们服了吧？"

话音未落，森林的一边出现了两头雄狮。两头雄狮的四只眼死死盯住花花兔。

花花兔一回头，不由自主地打了一个寒战："我的妈呀！两头大狮子正盯着我呢！"

酷酷猴不敢迟疑，大叫一声："快跑！"

"嗷——"的一声长吼，两只狮子一前一后向花花兔追来。

"不要太猖狂！"铁塔大喝一声。他迅速从腰间拿出一个 L 形的器物，说了声"走！"这个 L 形的器物飞快地旋转着向领头的狮子飞去，只听"砰"的一声，正好打在这头狮子的脑门儿上。狮子"嗷"的一声被打翻在地，一连翻了好几个滚儿。受了伤的狮子无奈地溜走了。奇怪的是这个 L 形器物打倒狮子以后，又飞回到铁塔的手里。

"神啦！"这个神奇的器物，把酷酷猴和花花兔看傻了。

花花兔跑过去问："这是个什么玩意儿？"

铁塔说："这叫作'飞去来器'。"

"我玩玩行吗？"花花兔对这个新鲜武器来了兴趣。

"可以。"铁塔叮咛说，"你一定要留神，别打着自己！"

花花兔接过"飞去来器"，猛地扔了出去，只听"刷"的一声，"飞去来器"向远方飞去。

"真好玩！真好玩！"花花兔一边拍手一边跳。忽听"刷刷刷"的一阵风声，"飞去来器"又飞回来了，它直奔花花兔的脑袋飞去。铁塔大叫一声："快趴下！"花花兔刚趴下，"飞去来器""呼"地从花花兔的脑袋上飞过去，钉在一棵大树上。

花花兔吓得全身乱抖，脑门儿直冒冷汗。

铁塔从树上拿下"飞去来器"，递给了花花兔："不用怕，多练练，练熟了就会用了。这个就送给你作为防身的武器吧！"

"谢谢铁塔！"花花兔拿着"飞去来器"，跑到一边练习去了。

# 数学加油站 3

## 趣题探秘

### 1.（难度指数 ★ ★ ★）

有一只叫作毛毛的苏卡达龟，它的一生有六分之一的时间是自己的童年，再过了一生的十二分之一后它长出了胡子，又度过了一生的七分之一后它结婚了。过了五年，他的儿子出生，但是儿子的寿命只有父亲的一半。在儿子去世四年后，毛毛也去世了。算一下，毛毛去世时是多大年纪？

### 2.（难度指数 ★ ★）

为了保护非洲象牙，狒狒群发起了向基金会捐献矿石的活动。狒狒群里有 30 只狒狒，一共捐款了 205 块矿石。其中，每只狒狒不是捐了 5 块就是捐了 10 块，你知道捐 5 块的狒狒和捐 10 块的狒狒各有多少只吗？

## 头脑风暴

### （难度指数 ★ ★）

下面的三行数字，第二行数字是由第一行决定的。同样，第三行数字是由第二行数字决定的。你能发现他们的规律吗？试着把缺失的数字填上吧！

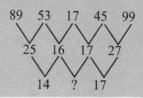

铁塔一手拉着酷酷猴，一手拉着花花兔走进棚子："你们一路辛苦，我要好好招待招待你们！"

花花兔问："有什么好吃的？我肚子早就饿得咕咕叫了。"

铁塔笑着说："我准备开一个坚果宴会。胖子、瘦子、秃子、红毛，你们4个去采一些上好的坚果来。"

胖子、瘦子、秃子、红毛，是4只黑猩猩。胖子长得奇胖无比，简直就是一堆肉；瘦子瘦得可怜，看上去就像一根棍；秃子的脑袋上是寸毛不生，在阳光下闪闪发光；红毛长了一身又长又密的红毛，好吓人。

"是！"4只黑猩猩答应了一声，转身就去采坚果了。

"坚果是什么？"花花兔不明白。

酷酷猴冲她做了一个鬼脸："采来你就知道了。"

不一会儿，4只黑猩猩采回许多坚果，每人都把自己采来的坚果放成一堆。花花兔走近一看，嗨！坚果原来就是些野核桃、野杏核之类的东西呀！

花花兔一边摇头一边心里嘀咕："这些东西我都咬不动。"

铁塔问："你们4个，谁采得最多呀？我好论功行赏。"

4只黑猩猩齐声回答："我采得最多！"

"每个人都采得最多？"铁塔走过去，把 4 堆坚果都数了一下。

铁塔说："我数了一下，红毛比秃子采得多；胖子和瘦子采得的总数等于秃子和红毛采得的总数；胖子和红毛采得的总数比瘦子和秃子采得的总数少。"

铁塔转过脸问酷酷猴："你说说，谁采得的最多呀？"

酷酷猴心里明白，考察他的时候到了。

花花兔做了一个鬼脸："啊，考试开始了！"

酷酷猴说："为了说话方便，我设胖子、瘦子、秃子、红毛采得的坚果数分别为 a、b、c、d 个。"

铁塔点点头："可以，可以。"

酷酷猴边说边写："根据你数坚果的结果，有

$$c < d \qquad (1)$$

$$a + b = c + d \qquad (2)$$

$$a + d < b + c \qquad (3)$$

（2）+（3）得 $2a + b + d < 2c + b + d$

有 $2a < 2c$，$a < c$ $\qquad (4)$

由（1）和（4）可得 $a < c < d$

由（2）和（4）可得 $d < b$

所以有 $a < c < d < b$，瘦子采得最多！"

瘦子高兴地跳了起来："别看我瘦！我采坚果最卖力气，采得最多。"

铁塔拿起 3 个坚果："这些奖给瘦子！"

铁塔对酷酷猴和花花兔说："二位请吧，坚果可是非常好吃，而且营养丰富！"

酷酷猴忙说："谢谢！谢谢！"

花花兔拿起一个坚果，咬了半天，坚果纹丝不动。

她摇摇头说："我的牙呦，我咬不动啊！"

酷酷猴也说："我也咬不动！"

花花兔跑过去向瘦子求教："瘦子，这坚果咬不动，怎么吃呀？"

瘦子说："用石头砸呀！"

瘦子把坚果放到大石头上，用小石头用力一砸。只听"啪"的一声，坚果裂开，瘦子飞快地把果仁扔进嘴里。

大家吃得正在兴头上，这时，一条大蟒蛇吐着红红的信子，悄悄从树上爬下来。

花花兔最先看见："啊！大蟒蛇！"

瘦子看见后也吓了一跳，他大喊："快跟我跑！"

瘦子拉着花花兔在前面跑，大蟒蛇在后面拼命地追。

花花兔边跑边大声呼喊："救命啊！"

铁塔看见了，他问："聪明的酷酷猴，你能不能把你的伙伴，从大蟒蛇的嘴里救出来呀？"

酷酷猴知道，这又是在考他，他毫不含糊地说："看我的！"

酷酷猴找来一个大铁桶，他钻进铁桶里面，顶着铁桶迎着大蟒蛇跑过去。

酷酷猴对大蟒蛇说："你敢和我斗吗？"

"一只小猴子也敢向我挑战？"大蟒蛇发怒了，一下子缠住了铁桶。酷酷猴乘机从铁桶下面溜出来。

酷酷猴冲大蟒蛇"嘿嘿"一乐，说："这叫'金蝉脱壳'，我走了，拜拜吧！"

大蟒蛇气得"呼呼"喘粗气："我看你往哪儿跑！"说着又快速追来。

大蟒蛇的穷追不舍激怒了铁塔，他吼道："酷酷猴和花花兔是我请的客人，岂能让你随便追杀？"说着双手抓住大蟒蛇，用力向两边拉。

大蟒蛇大叫："哎呀，疼死我了！"

话音未落，只听见"扑哧"一声，大蟒蛇被拉成两半。

铁塔把大蟒蛇扔在地上，拍了拍手上的泥土说："小样，敢跟我叫板。"

花花兔看呆了："铁塔力气真大呀！"

数学加油站 4

1.（难度指数★★）

大象先生的游泳馆开在瀑布的旁边，现在面向小动物出售会员证，每张会员证 80 元，只限本人使用。凭会员证购入场券每张 1 元，不凭会员证购入场券每张 3 元。

请问：

(1)什么情况下，购会员证与不购会员证付一样的钱？

(2)什么情况下，购会员证比不购会员证更合算？

(3)什么情况下，不够会员证比购会员证更合算？

2.（难度指数★★）

森林里的三家体育馆贴出了招聘广告：

猎豹的跆拳道馆：招聘 1 人，年薪 3 万，一年后，每年加薪 2000 元

熊猫的武术馆：招聘 1 人，半年薪 1 万，半年后按每半年 20% 递增.

蟒蛇的柔道馆：招聘 1 人，月薪 2000 元，一年后每月加薪 100 元

如果合同期都是 2 年，哪家体育馆的工资最高？

（难度指数★★）

熊猫先生有 6 根竹子，突然他脑海里一闪，怎么摆放，才能让这 6 根竹子互相之间都能碰到呢？

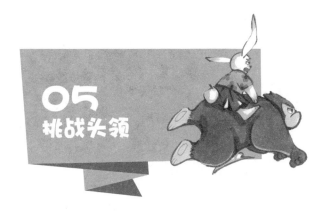

酷酷猴竖起大拇指称赞："铁塔力大无穷，佩服，佩服！"

铁塔不以为然地说："拉断条大蟒蛇，算不了什么。"

酷酷猴见铁塔挺狂，心想我来到这儿，都是你出难题考我，这次该我出个难题考考你了。想到这儿，他从口袋里拿出一个大梨。

酷酷猴说："这是我从北方带来的大梨，我把它放到距这儿100米处。"

铁塔忙问："你是不是想问我几秒钟可以把大梨拿到手呀？"

酷酷猴笑着说："我怎么可能问你这么简单的问题哪！"

酷酷猴说："你从这儿出发，先前进10米，接着又后退10米；再前进20米，又后退20米……依此规律走下去，问，你走多少米才能拿到这个大梨？"

听完酷酷猴的问题，把铁塔笑得前仰后合。他说："你拿这么简单的小玩意儿，逗一逗兔子、山羊还可以，怎么会用来考我呢？哈、哈……"

酷酷猴严肃地继续问："对于这个问题，你要做出明确的回答。"

铁塔见酷酷猴认真的样子，就说："我往前走一段，接着又退回到原地。这路我都白走了，我这辈子也吃不到这个大梨呀！"

一只叫金刚的雄黑猩猩站出来，他说："头领说得不对！完全可以拿到大梨。"

铁塔忙问："你说说怎么个拿法？"

金刚说："你第一次前进了 10 米，又退后到原处？你第二次前进了 20 米，又退回到原处。但是，你第十次前进了 100 米就拿到了大梨了。"

花花兔在一旁补充说："你别忘了，路越走越长啊！"

金刚边说边在地上写出算式："一共走了 10×2+20×2+……+90×2+100=20+40+……+180+100=1000 米。只要走 1000 米就可以拿到大梨。"

金刚按捺不住站了起来，他终于向铁塔提出了挑战："由于你已经老糊涂了，连这么简单的问题都做不出来，不适合再担任头领了。我正式向你提出挑战，我要当新头领！"

"敢向我挑战，你小子是不想活了！"铁塔扑向金刚，向他发起了进攻。

"呜——"金刚毫不退缩，摆开架势迎战。

两只黑猩猩撕咬在一起。

"嗷——"金刚吼叫着向前撕咬。

"呜——"铁塔上面拳打，下面脚踢。

花花兔要上前劝阻，酷酷猴不让。

花花兔歪着脑袋问："他们打得这么厉害，你为什么不让我去劝架？"

酷酷猴解释说："不要阻拦他们，为了使头领绝对强悍，他们经常要争夺头领的位置。"

花花兔问："你怎么知道的？"

酷酷猴说："我们猕猴也经常为争夺头领之位而战斗。"

　　这边的战斗有了结果,老头领铁塔被打败。铁塔感叹地说 :"真的老了,打不过他了!" 说完无奈地走了。

　　金刚站在树上,高举双拳欢呼 :"噢,我胜利喽!"

　　众黑猩猩立刻接受了这个事实,他们向金刚欢呼,庆祝金刚当新头领。

　　黑猩猩们跪倒在金刚面前,齐声高叫 :"我们服从你的领导!"

　　花花兔见头领更换得如此之快,心里很不是滋味。

　　他追上战败的老头领铁塔,问 :"你一个人到哪儿去呢?"

　　铁塔握紧双拳说 :"我去找一个地方养养伤,等好了以后,再回来重新争夺头领的位置!" 说完挥挥手,消失在茫茫的林海中。

## 趣题探秘

### 1.（难度指数★★）

黑猩猩杰克与布朗围着一条长 300 米的环形山路进行赛跑，他俩同时并排起跑，杰克的速度是每秒钟 5 米，布朗的速度是每秒钟 4.4 米，两个人起跑后的第一次相遇是在起跑线前方几米呢？

### 2.（难度指数★★）

有两列开往森林深处的列车。一列慢车长 125 米，速度每秒 17 米；一列快车长 140 米，速度每秒 22 米。慢车在前面行驶，快车从后面追上来，那么快车从追上慢车开始到完全超过慢车需要多少时间呢？

## 头脑风暴

### （难度指数★）

酷酷猴拿着一个甜甜圈，非常得意地对花花兔说："花花兔，我用 2 刀就能把这个甜甜圈切成 5 块，你相信吗？"花花兔说："我才不相信呢，2 刀怎么可能切成 5 块呢？"没想到酷酷猴真的做到了，你知道他是怎么做到的吗？

　　金刚当上了新头领，十分兴奋。他对大家说："为了欢迎远方的客人，也为了庆祝我当上新头领，今天开一个联欢会。"

　　"表演节目？那可太好啦！"花花兔就爱热闹。

　　金刚"啪、啪、啪"拍了 3 下手，从下面走出 10 只黑猩猩排成一排，他们胸前都戴着号码，号码是从 1 到 10。

　　金刚指着他们介绍说："他们要表演'双跳叠罗汉'。"

　　"什么叫双跳叠罗汉？"酷酷猴还是不大明白。

　　"每只黑猩猩都可以越过两只黑猩猩站在另一只黑猩猩的肩上，最后要求的是 5 只黑猩猩都要跳到另外 5 只黑猩猩的肩上。"金刚解释说。

　　"噢，我明白了！"花花兔似乎明白了。

　　花花兔说："每次跳都要越过两只黑猩猩，所以是'双'？最后是一个在另一个的肩上，所以是'叠罗汉'。好，你们乱跳吧！"

　　一只黑猩猩刚要跳。

　　"停！"金刚马上出面制止。

　　金刚对花花兔说："嘿！不能乱跳！如果不按着一定的规律跳，根本就跳不成'叠罗汉'。"

"我不信！"花花兔一副不服输的样子，"我就能让他们跳成！"

金刚点点头说："好，好。我就让你试试。你们都听花花兔的指挥！"

"是！"10只黑猩猩一起答应。

花花兔显得十分神气。她说："听我的口令：4号跳到1号肩上，7号跳到10号肩上。"4号向左跳过2号和3号，站到了1号的肩上。而7号向右越过8号和9号，落到了10号的肩上。（见下图）

④　　　　　　　　　　⑦
①　②　③　⑤　⑥　⑧　⑨　⑩

花花兔继续发布命令："6号跳到2号的肩上，3号跳到9号的肩上，哈，快成功了！"（见下图）

④　⑥　　　　　　　　③　⑦
①　②　　　⑤　　　⑧　⑨　⑩

可是再往下怎么跳呢？花花兔有点傻眼，她急得满头大汗。

金刚在一旁催促说："花花兔，你快接着跳呀！"

花花兔脸憋得通红，抹了抹头上的汗说："我不会跳了！"

金刚有些生气了，他吼道："一只无知的小兔子，敢在我面前逞能，给我拿下！"

两只黑猩猩刚要动手，花花兔急忙求助酷酷猴："猴哥救我！"

酷酷猴上前一抱拳，说："金刚息怒。花花兔年幼无知，多有得罪。我怎样才能救她？"

金刚说："除非你把这个'双跳叠罗汉'做成！否则，这顿兔子肉我是吃定了！"

"好，我来指挥。"酷酷猴指挥黑猩猩重新跳跃。

酷酷猴下达命令："听我的口令，重新跳！4号跳到1号的肩上，6号跳到9号的肩上。"（见下图）

④　　　　⑥
①②③⑤⑦⑧⑨⑩

酷酷猴又命令道："8号跳到3号肩上，2号跳到5号肩上（见下图）。"

④⑧②　⑥
①③⑤⑦⑨⑩

酷酷猴最后命令："10号跳到7号的肩上。"（见下图）

④⑧②⑩⑥
①③⑤⑦⑨

花花兔不服气地说："其实我就跳错了一个！不应该让7号跳到10号肩上。"

"跳错一个也不成呀！"金刚回头称赞酷酷猴说，"酷酷猴果然聪明！"

金刚说："既然酷酷猴为花花兔求情，又跳对了'叠罗汉'，那就放了花花兔吧！"

酷酷猴问金刚："你们黑猩猩请我们两个从万里之外来到非

洲，不会是请我们来白吃饭的吧？"

金刚说："我们把你请来，就是想和你酷酷猴比试比试，看看到底是你猴子聪明呀，还是我们黑猩猩聪明。"

酷酷猴又问："什么时候咱们的比试正式开始？"

金刚想了一下说："比试需要有裁判。胖子、瘦子、红毛，你们去请狒狒、山魈和长颈鹿来当裁判。"

"是！"

花花兔听说3只黑猩猩要去请人，赶紧跑过来和他们套近乎。

花花兔说："狒狒和山魈我都见过了，我就是没见过长颈鹿。你们谁去请长颈鹿呀？带上我好吗？"

胖子说："我不去请狒狒。"

瘦子说："我不去请山魈和长颈鹿。"

红毛说："我不去请山魈。"

花花兔一听他们的回答，就急了。她说："我问你们谁去请长颈鹿，你们却回答不去请谁！这不是成心刁难人吗？"

红毛笑嘻嘻地说："我们就是想考考你这只傻兔子。"

"敢说我傻？"花花兔把两只红眼一瞪说，"其实我都知道！瘦子你不去请山魈和长颈鹿，必然去请狒狒了。

"红毛你不去请山魈，只请狒狒和长颈鹿了，而狒狒由瘦子请了，你只能去请长颈鹿了！"

红毛点点头说："行，还真不傻！你跟我走吧！"

花花兔有礼貌地挥挥手："胖子、瘦子再见！"

胖子和瘦子也挥手说："再见！"

## 趣题探秘

### 1.（难度指数★）

从一楼到十楼的每层电梯门口都放着一颗红宝石，红宝石大小不一。你乘坐电梯从一楼到十楼，每层楼电梯门都会打开一次，每开一次只能拿一次红宝石，问怎样才能拿到最大的一颗？

### 2.（难度指数★★）

一只狒狒来到池塘边取水，他有 2 个空水壶，容积分别为 5 升和 6 升，你能想到什么办法，用这 2 个水壶从池塘里取得 3 升的水吗？

## 轻松一刻

### （难度指数★）

你有没有想过这样一个问题：为什么下水道的井盖是圆的？

花花兔问红毛："你知道长颈鹿住在哪儿吗？"

红毛说："前几天，长颈鹿曾给我来过一封信。"说着红毛掏出一封信。信上写道：

亲爱的红毛：

　　我最近又搬家了，这一片树林特别的大。欢迎你到我的新家来做客。新家紧挨着高速公路，公路上立着一个路标牌子，牌子上写着 ABC。

好朋友长颈鹿高高

花花兔看着信，疑惑地问："这 ABC 是什么东西？"

"我也不知道。"红毛摇摇头说，"你翻过信的背面再看看。"

花花兔翻到信的背面，见信的背面画有图（见下图），还写着字："每个图形和它下面的数字都有对应规律，根据这些规律确定 A、B、C 各代表什么数？"

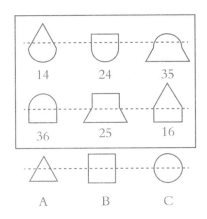

花花兔拿着信看了半天，摇摇头说："A、B、C都表示什么数？这可怎样算啊？"

红毛也说："我琢磨了好半天也摸不着门！"

"不行，再难我们也要弄清楚，否则就找不到高高的家了。"花花兔说，"方框里的都是半圆，而方框外面的是一个整圆，咱们能不能把这些图都分成上下两部分呢？"

红毛一拍大腿："嘿！有门儿！"

花花兔在地上边写边画："方框里的每个图都对应着一个二位数，而把这些图分开之后，上半部分应该对应着十位数，下半部分对应着个位数。"

红毛问："你怎么知道？"

花花兔指着图说："你看半圆。半圆在上面时就对应着3，半圆在下面时就对应着4。"

红毛点点头说："对！是这么回事。三角形的上半部分对应着1，下半部分对应着5。"

花花兔接着说："长方形的上半部分对应着2，下半部分对应

着 6。"

红毛高兴地叫道："哈，求出来啦！ A=15，B=26，C=34。"

红毛拉着花花兔："走，咱俩去找写着 152634 的路标，找着这个路标就找到了长颈鹿。"

花花兔点点头："走！"

走了一段，花花兔发现有两只大猫远远跟着他俩。她对红毛说："后面有两只大猫在跟着咱们呢。"

红毛回头一看，惊出一身冷汗。他赶紧说："那可不是什么大猫，那是非洲草原上跑得最快的猎豹！"

"啊！"花花兔非常害怕。她忙问："猎豹是不是想吃咱们？"

红毛说："猎豹吃不了我，他们就是想吃你！"

"那可怎么办呀？"花花兔浑身又抖起来。

红毛说："你在前，我断后，咱俩沿着公路快点跑！"

"好！"花花兔答应一声，沿着公路撒腿就跑。

花花兔这一跑，惊动了一只大鹰。只听"嘀——"的一声凄厉鸣叫，大鹰冲到了花花兔的头上。

花花兔大惊失色："妈呀！大鹰也要抓我！"

红毛喊道："坏了坏了！咱们现在是两面受敌，快跑！"

花花兔和红毛前面跑，猎豹和大鹰在后面追。

猎豹在地上吼着："小兔子，你往哪里跑！"

大鹰在空中叫着："小兔子，你是我的了！"

突然，从前面的丛林中蹿出一群长颈鹿来。

长颈鹿高叫："你们不要害怕，我们来了！"

"啊！救星来了！"红毛双手拍着胸口，蹲了地上。

"去你的吧！"长颈鹿用有力的后腿踹向猎豹。一只被踹起的猎豹飞上了半空，正好撞在俯冲下来的大鹰身上，"咚"的一声，两人重重地摔在了地上。

大鹰、猎豹遭到重创，狼狈逃走。

长颈鹿指着前面的路标：“你们看，前面的路标上写的什么？”

花花兔说：“152634，哈，长颈鹿的新家到啦！”

猎豹是猫科动物的一种，全身都有黑色的斑点，从嘴角到眼角有一道黑色的条纹，体型纤细、腿长、头小，栖息在温带、热带的草原、沙漠和有稀疏树木的大草原。猎豹是全世界陆地上奔跑得最快的动物，它的时速可以达到120公里，但最多只能跑3分钟。我们不妨计算一下猎豹在3分钟里，奔跑了多远的距离呢？

## 趣题探秘

### 1.（难度指数★★）

下面有4组数字，每组里面的两个数字之间的规律都是相同的，你能找出规律，并把第四组数字填写完整吗？

（1）2，13（2）4，69（3）5，130（4）3，？

### 2.（难度指数★★）

重新排列右边格子里的数字，避免连续的数字彼此相连，包括横向、纵向以及对角线方向。

温馨提示：答案不止一种哦！

| 1 | 2 | |
|---|---|---|
| 3 | 4 | 5 |
| 6 | 7 | 8 |
| | 9 | 10 |

## 轻松一刻

下面这句英文的字母有什么共同的特点吗？

Who am I?（我是谁？）

黑猩猩的新头领金刚所请的裁判——狒狒、山魈和长颈鹿都来了。

金刚说："有劳三位了，今天我先设宴为各位裁判接风。"

狒狒、山魈和长颈鹿一起站起，对金刚说："祝贺金刚荣升为新头领，谢谢新头领的款待。"

一只小猩猩头顶一个里面装着蘑菇的圆盘走出来。

小猩猩对大家说："请头领、客人、裁判吃蘑菇！"

金刚招呼着客人："大家请随便吃！"

小猩猩献给酷酷猴一个蘑菇。

酷酷猴拿起来放到口中尝了一尝，忙说："这蘑菇味道真是美极了！好吃！"

见酷酷猴爱吃，小猩猩又拿起一个蘑菇说："既然酷酷猴喜欢，我就再给你一个，不过你要回答我一个问题。"

"什么？连你这么小的猩猩也要出题考我？"酷酷猴说，"也罢，今天大家高兴，你出吧！什么问题？"

小猩猩解释说："通过计算这个问题，你可以知道我采蘑菇的辛苦。"

小猩猩说："我去树林里采蘑菇。晴天每天可以采 20 个，雨天每天只能采 12 个。我一连几天采了 112 个蘑菇，平均每天采 14 个。请问这几天中有几天下雨？"

酷酷猴笑着说："吃你的蘑菇还要做题，这蘑菇吃得不容易啊！不过我已经算出来了，有 6 天下雨。"

小猩猩惊讶地问："你怎么算得这样快？"

酷酷猴说："你一共采了 112 个蘑菇，平均每天采 14 个，可以知道你一共用了 112÷14=8 天的时间。"

小猩猩点点头说："天数算得对！是 8 天！雨天有几天呢？"

酷酷猴说："假设这 8 天全是晴天，你应该采 20×8=160 个蘑菇。实际上你只采了 112 个，少采了 160−112=48 个蘑菇。雨天比晴天每天少采 20−12=8 个，所以，雨天有 48÷8=6 天。"

小猩猩鼓掌说："完全正确！请吃蘑菇。"

三位裁判一致裁定："第一道题,酷酷猴做对了,再考下一个问题。"

这时走上来一个耳朵上戴着鲜花的雌猩猩。

金刚说："请我们的舞蹈家苏珊娜给诸位跳转圈舞，先插上旗！"

两只猩猩在相距 30 米的地方各插了一面旗。

金刚介绍说："这两面旗距离是 30 米，苏珊娜从一面旗那儿出发，沿直线，跳着舞向另一面旗前进。"

正说着，雌猩猩苏珊娜已经开始跳转圈舞了。几个猩猩敲打着木头"咚！咚！咚！"为她伴奏。

众猩猩看得如醉如痴，大声叫好。

金刚对酷酷猴说："苏珊娜的舞蹈是这样跳的：她往前迈 2 步，原地旋转，退后 1 步，然后再往前迈 2 步。

她就是这样从一面旗跳到了另一面旗。她每一步都是 50 厘米，请酷酷猴算算，苏珊娜一共走了多少步？"

花花兔对酷酷猴说："猴哥，人家已经出第二道题考你了！"

酷酷猴沉着地点点头："我知道。"

酷酷猴稍加计算，说："我算的结果是：苏珊娜一共走了 176 步。"

金刚先是一愣，接着问道："说说是怎样算的？"

酷酷猴说："苏珊娜前进 2 步，还要后退 1 步。实际上，她要走 3 步才能前进 50 厘米。前进 1 米需要走 3×2=6 步，而前进 29 米要走 3×2×29=6×29=174 步。"

金刚好像抓到了什么，他站起来向前走了两步说："不对呀！你刚才说苏珊娜一共走了 176 步，可是你算出来的确是 174 步，这离 176 步还差 2 步哪！"

三位裁判也"刷"的一声站了起来，逼问道："说！为什么差 2 步？"

酷酷猴不慌不忙地说："我还没算完哪！我刚算出苏珊娜走 29 米时走了多少步。可是，两面旗的距离是 30 米，这时苏珊娜离第二面旗还差 1 米哪！苏珊娜只要再前进 2 步就到了，用不着再转圈和后退了。所以，174+2=176 步。"

三个裁判"刷"的一声又坐下了。

狒狒："酷酷猴算的完全正确！"

山魈连连点头："讲解得非常明白！"

长颈鹿："我宣布，第一轮，金刚出题，酷酷猴做。酷酷猴胜利！下面该酷酷猴出题，金刚来做了。"

## 趣题探秘

### 1.（难度指数★）

松鼠妈妈采松籽，晴天每天可以采 20 个，雨天每天只能采 12 个。它连续 8 天一共采了 112 个松籽，请问这 8 天有几天晴天，几天雨天？

### 2.（难度指数★★）

一个班有 45 个同学，他们向爱心基金会共计捐款 100 元，其中 11 个同学每人捐 1 元，其他同学每人捐 2 元或 5 元，求捐 2 元和 5 元的同学各有多少人？

扫一扫看金牌教师
视频讲解

## 头脑风暴

### （难度指数★★）

把一只鸡腿烤熟需要 15 分钟，现在如果给你 2 个沙漏——一个 11 分钟的，一个 7 分钟的，那么你如何利用这两个沙漏，把鸡腿烤 15 分钟呢？

酷酷猴站在场子当中，一抱拳说："金刚请听题。"

金刚一脸满不在乎的样子，大嘴一撇说："随便考！"

只见酷酷猴在地上画了 3 个圆圈，又点上许多点（见下图）。

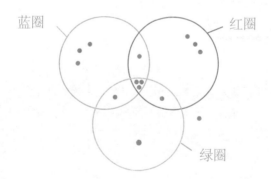

酷酷猴说："我画了红、蓝、绿 3 个圆圈，又点了 14 个点。"

金刚不明白地问："你这是干什么呀？咱们是玩跳房子，还是玩过家家？"众黑猩猩听了一阵哄堂大笑。

酷酷猴没笑，他一本正经地说："这 14 个点代表 14 件东西：

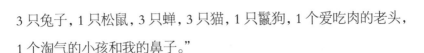

3 只兔子，1 只松鼠，3 只蝉，3 只猫，1 只鬣狗，1 个爱吃肉的老头，1 个淘气的小孩和我的鼻子。"

金刚又问："那 3 个圆圈有什么用？"

酷酷猴解释说："红圈里的点代表四条腿的动物？蓝圈里的点代表会爬树的？绿圈里的点代表爱吃肉的。"

金刚还是不明白："你让我干什么？"

酷酷猴说："我让你指出哪个点代表我的鼻子？"

"这 14 个点都一模一样，让我到哪儿去找酷酷猴的鼻子？"金刚由于找不到要领，急得抓耳挠腮。

裁判长颈鹿见时间已到，站起来宣布："时间已到。金刚没有回答出来，下面由出题者给出答案。"

酷酷猴说："由于我的鼻子没有四条腿，因此不会在红圈里？我的鼻子自己不会爬树，不会在蓝圈里？我的鼻子不爱吃肉，也不会在绿圈里。所以 3 个圆圈外的那个点代表我的鼻子。"

花花兔跑过来问："哪 3 个点代表 3 只兔子？"

酷酷猴答道："由于兔子有 4 条腿，应该在红圈里。但是，兔子不会爬树，不能在蓝圈里，兔子也不吃肉，不能在绿圈里。所以，只能是红圈的这 3 个点，代表 3 只兔子。"

这时，松鼠、鬣狗、蝉、猫纷纷围过来问："哪个点代表我？"

酷酷猴笑着说："嘻嘻！都来问了。好了，我都给你们一一指出来。"酷酷猴把各点代表谁都标了出来。

"都标明了，自己去找吧！"（见下图）

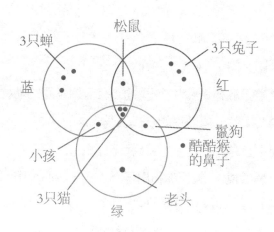

金刚第一个问题没有回答出来，并不服气。他叫道："刚才那个不算！第二道题我一定能答出来！"

裁判狒狒站起来说："请酷酷猴出第二道题。"

酷酷猴在地上画了一个图（见下图）。

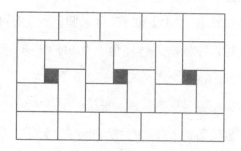

酷酷猴说："这个大长方形里面有22个同样大小的小长方形。只知道小长方形宽是12厘米，求阴影的面积。"

金刚满不在乎地说："这个好办！我先量出小长方形的长，就可以算出小长方形的面积，也可以算出大长方形的面积。用大长方形面积减去 22 个小长方形面积之和，就是阴影的面积。"

裁判山魈过来阻止，说："对不起，你不能量小长方形的长，你只能根据小长方形的宽，计算出阴影的面积。"金刚只好玩命地去想。

金刚一屁股坐在地上，边擦汗边说："我越想越糊涂了。"

山魈催促说："你别坐在地上啊！快点算！"

金刚摇摇头，喘着粗气说："不算了，不算了！只知道宽，不知道长，没法算！"

裁判山魈立即宣布："金刚承认失败！"

金刚说："我可以承认失败，但是酷酷猴必须告诉我这个问题的答案。"

酷酷猴说："从图的上半部可以看出，5 个小长方形长的和 =3 个小长方形长的和 +3 个小长方形宽的和。进一步得到：2 个小长方形的长的和 =3 个小长方形的宽的和。"

酷酷猴指着图继续说："知道小长方形的宽是 12 厘米，可以算出小长方形的长是 18 厘米。阴影包含有 3 个同样大小的小正方形，小正方形的边长 = 小长方形长－小长方形宽，就是 18-12=6（厘米）。阴影的面积 =6×6×3=108（平方厘米）。"

## 开心科普

容斥原理的基本思想是：先不考虑重叠的情况，把包含于某内容中的所有对象的数目先计算出来，然后再把计数时重复计算的数目排斥出去，使得计算的结果既无遗漏又无重复。

## 趣题探秘

1.（难度指数★）

有一个班，所有同学语文、数学成绩至少有一门满分。已知有 25 人数学得满分，有 22 人语文得满分，并且有 4 人语文、数学都得满分，那么这个班有多少人?

2.（难度指数★★）

一个狒狒群有 48 只狒狒，他们分散开去寻找食物，其中找到坚果的有 27 只，找到水果的有 33 只，找到蘑菇的有 40 只，那么至少有多少只狒狒这三种食物都找到了?

## 轻松一刻

有两对父子上山打猎，每人各打到一只野兔，可是放到一起数一数，只有 3 只，再数一遍还是 3 只。既然是两对父子，应该一共打到 4 只才对，怎么只打到了 3 只呢，什么原因?

　　金刚输急了，他瞪大了眼睛叫道："酷酷猴，你如果真有本事，你就绕着这个大森林走一圈，你能够活着回来，那才叫有本事哪！"

　　裁判长颈鹿问酷酷猴："你敢应战吗？"

　　酷酷猴笑一笑，说："这有什么不敢的？"

　　酷酷猴向大家挥挥手，说："过一会儿见！"

　　花花兔把两只大耳朵向后一甩："我还巴不得在非洲大森林里逛一逛哩！走！"说完酷酷猴和花花兔离开了黑猩猩，直奔大森林而去。

　　酷酷猴和花花兔在路上走着，四周安静极了，可以听得到彼此的喘气声。这时，从一棵大树后面传来了说话声。

　　一个非常难听的嘶哑声音说："咱们这次把猎豹藏的瞪羚都偷来了，可够咱们吃几天的了！"

　　花花兔打了一个寒战，忙问："这是谁在说话？"

　　"嘘——"酷酷猴示意花花兔不要说话。他俩偷偷转过大树，原来是几只鬣狗。

　　鬣狗甲着急地说："咱们快把这些瞪羚分了吧！"

　　鬣狗乙非常同意："对！让猎豹发现了，这可不是闹着玩的！"

　　鬣狗丙想了一下说："不知道咱们一共偷来了几只瞪羚？反正

053

最多不会超过 40 只。"

鬣狗乙凑前一步说："我倒是算过，把瞪羚三等分后，余下 2 只，把其中一份再加上多余的 2 只，给咱们老大？把剩下的两份再三等分，还余下 2 只，把其中的一份再加上多余的 2 只，给咱们老二？再将剩下的两份三等分，还是余下 2 只，把其中的一份再加上 2 只分给老三？最后剩下的两份就给老四、老五了。这样分正合适！"

花花兔悄声地问："猴哥，你说他们偷了多少只瞪羚？"

酷酷猴回答："我算了一下，一共是 23 只，有 5 只鬣狗。听

说这些鬣狗非常凶残，喜欢成群结伙地攻击其他动物。我们要格外小心呀！"

花花兔急着问："你是怎样算出来的？"花花兔这一着急，说话的声音就高了。鬣狗很快发现了酷酷猴和花花兔。

鬣狗甲紧张地说："嘘——有人！"

鬣狗乙说："我看见了，是一只猴子和一只小白兔。"

酷酷猴一挥手说："咱们快走！"

花花兔问："这些鬣狗为什么总是跟着咱们？"

酷酷猴说："他们在寻找机会，一有机会就会向咱们发起进攻！"

花花兔听了又开始浑身哆嗦了："这可怎么办呢？"花花兔紧靠在酷酷猴的身上。

酷酷猴鼓励说："不要怕，要冷静！"

突然，鬣狗甲发布命令："时候到了，进攻！"鬣狗向酷酷猴和花花兔发起了进攻。

酷酷猴和花花兔在前面玩命地跑，鬣狗在后面猛追。

花花兔回头一看，大叫："哎呀！鬣狗快追上来了！"

酷酷猴灵机一动，拉着花花兔说："快跟我上树！"

酷酷猴单臂一用力把花花兔拉上了树。

鬣狗们立刻把树围了起来。他们龇着牙，喘着粗气，贪婪地盯着树上。

酷酷猴对鬣狗说："你们已经偷了猎豹那么多的瞪羚，足够你们吃几天的，为什么还要攻击我们？"

鬣狗甲摇晃着脑袋说："到现在我也不知道，我们一共弄来多少只瞪羚？"

酷酷猴说："刚才我已经算出来了，参加偷盗的鬣狗有 5 只。我用的是试算法，从老四、老五每人最少分 1 只开始算起，发现不成。我又设老四、老五每人最少分 2 只，这样往前推可知，老三分 4 只，老二分 6 只，老大分 9 只，总共是 9+6+4+2+2=23（只）瞪羚。"

鬣狗甲说："23 只再加上你们两个，就是 25 只了！兄弟们！啃树！把大树啃倒，咱们吃活的！"

"啃！"鬣狗们一哄而上。

这鬣狗还真是厉害，不大的工夫，大树硬是被他们啃得摇摇晃晃快倒了。

花花兔有点害怕，她问："猴哥，你看这怎么办？大树快倒了！"

酷酷猴说："不要害怕，这棵树被啃倒了，我带你到另一棵树上去！"

鬣狗正啃得起劲，突然听到一声吼叫，两只猎豹出现在鬣狗眼前。

猎豹怒吼："偷瞪羚的小偷，你们哪里跑？"

鬣狗一看猎豹来了，立刻傻眼了。鬣狗甲说："我的妈呀！我们投降！我们投降！"说完 5 只鬣狗举手投降。

猎豹甲找来 4 个四分之一圆弧的铁板，4 张平的铁板，说："用这些铁板把他们 4 个都单独关起来！"（见下图）

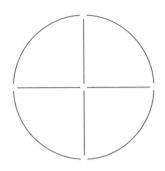

猎豹乙说："不成啊！他们一共 5 只哪！"

猎豹甲摇摇头说："哎呀，这可麻烦了，4 只鬣狗就已经占满了！"酷酷猴从树上下来，说："可以这样安排一下。"酷酷猴把铁板的位置，重新调整了一下，就可以关押 5 只鬣狗了。（见下图）

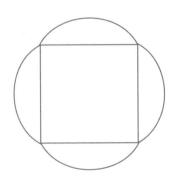

两只猎豹同时竖起大拇指，称赞说："酷酷猴果然聪明！"

# 数学加油站 10

## 趣题探秘

### 1. (难度指数★)

森林商店的灰熊老板有一扇正方形的窗户，窗户的高和宽都是 2 米。灰熊老板现在想把窗户的一半面积漆成蓝色，同时还想留一个没有漆的正方形。那么，灰熊老板应该怎么去刷漆呢？

### 2. (难度指数★★)

红松鼠和灰松鼠一起玩丢松子的游戏，两只松鼠一共有 140 颗松子，如果红松鼠先给灰松鼠 5 颗，然后灰松鼠又给红松鼠 8 颗，这时两只松鼠拥有的松子相等，那么两只松鼠原来各自有多少颗松子呢？

### 3. (难度指数★★★)

三只猴子分一堆桃，小棕猴先拿了这堆桃的一半少 1 个；小黄猴拿了余下的桃子的一半多 1 个；小灰猴得到余下的 8 个桃，桃子就被全分完了。请问，这堆桃子一共多少个？

扫一扫看金牌教师
视频讲解

## 轻松一刻

鬣狗是一类外观类似犬、个体中等偏大的食肉类动物。鬣狗拥有比犬类更加强壮的上、下颌和更锋利的牙齿，能够轻易地咬碎猎物坚硬的骨头，它们的咬合力平均为 460 千克，相比之下，非洲之王的狮子咬合力也才 360 千克，因此鬣狗被称为"骨头粉碎者"。

酷酷猴和花花兔告别了猎豹。酷酷猴说："咱俩还是继续赶路吧！"

花花兔却一屁股坐在了地上，撅着嘴说："我又饿了。我又走不动了！"

这可怎么办？在这荒野中拿什么给花花兔吃？酷酷猴也发愁了。

花花兔一转头，发现路旁有一堆码放整齐的面包，惊奇地叫道："啊！面包！"

酷酷猴看到这些面包，也觉得奇怪。他自言自语："谁会把面包放在这儿呢？"

花花兔真是饿极了，也不管三七二十一，拿起一个面包就啃："管它是谁的，先吃了再说！"

酷酷猴觉得不合适："不征得主人的同意，不能吃人家的东西。"

酷酷猴的话音未落，一群野鼠围住了酷酷猴和花花兔。

一只领头的野鼠先"吱——吱——"叫了两声，然后责问道："你们竟敢偷吃我们的面包！"

花花兔辩解说："你们的面包？这些面包还不知道你们是从哪儿偷来的哪！哼，老鼠还能干什么好事！"

野鼠头领大怒："偷吃了我们的面包,还不讲理! 兄弟们,上! "野鼠"吱——吱——"狂叫着开始围攻酷酷猴和花花兔。

酷酷猴一看形势不好,对花花兔说："咱们还是上树吧! "说着就拉着花花兔往树上爬。没想到野鼠和鬣狗不一样,他们也跟着上了树。

花花兔着急地说："不成啊! 非洲野鼠也会爬树。"

正在这危机的时刻,随着一声凄厉的鹰啼,一群老鹰,从天而降。

领头的老鹰叫道："快来呀! 这里有大批的野鼠! "

众老鹰欢呼道："抓野鼠啊! "

野鼠见克星老鹰来了,吓得四处逃窜。

花花兔高兴地说："幸亏救星来了! "

酷酷猴首先向老鹰致谢,又问老鹰："这片森林有多少老鹰? 每天能吃多少只野鼠? "

老鹰的头领回答："这片森林里有 500 只老鹰。至于捉野鼠嘛,昨天有一半公老鹰每人捉了 3 只野鼠,另一半公老鹰每人捉了 5 只野鼠? 一半母老鹰每人捉了 2 只野鼠,另一半母老鹰每人捉了 6 只野鼠。你算算昨天一天我们一共捉了多少只野鼠? "

花花兔听了,皱着眉头说："我听着怎么这样乱哪! "

酷酷猴说："要想办法从乱中整理出头绪来。你想想,所有的公老鹰中,有一半是每人捉了 3 只野鼠,另一半是每人捉了 5 只野鼠,平均每只公老鹰捉了几只野鼠? "

花花兔想了一下说："嗯——平均每只公老鹰捉了 4 只野鼠。"

酷酷猴点点头说："对! 你再算算,平均每只母老鹰捉了几只野鼠? "

花花兔说："其中的一半是每人捉了 2 只,另一半是每人捉了 6 只。平均每只母老鹰也是捉了 4 只野鼠。"

酷酷猴说："既然公的和母的老鹰平均每人都是捉了 4 只野鼠,500 只老鹰一共捉了多少只野鼠呢? "

花花兔眨巴一下大眼睛说：“这还不容易 4×500=2000，正好 2000 只野鼠！呵，可真不少！向灭鼠英雄致敬！”

老鹰微笑着向酷酷猴和花花兔点点头，说：“谢谢你们的称赞！咱们后会有期！”说完老鹰就飞走了。

酷酷猴和花花兔又往前走，忽然看见两只大鱼鹰和一只小鱼鹰在树上吃鱼。每只鱼鹰脚下都有一堆鱼。

花花兔好奇地说：“猴哥，你看，老鹰还吃鱼哪！”

酷酷猴笑着说：“那不是老鹰，是鱼鹰。”

花花兔很有礼貌地向鱼鹰打招呼：“鱼鹰你好！你们三人各捉了多少鱼呀？”

个头最大的公鱼鹰说：“我和我妻子，我的孩子每人捉的鱼数，都是两位数。这 3 个两位数组成的 6 个数码恰好是 6 个连续的自然数，而且每个两位数都可以被各自两个数码之积整除，你说我们捉了多少条鱼？”

花花兔皱着眉头说：“两位数从 10 到 99，一共有 90 个哪！从这么多的两位数中，我怎么给你找出符合条件的 3 个两位数？我们要急着赶路，下次再给你们算吧！拜拜！”花花兔刚想走，3 只鱼鹰同时飞起，拦住了花花兔的去路。

公鱼鹰叫道：“站住！你既然知道了我们家族的秘密，就必须把答案算出来才能走！否则，我们把你扔进河里！”

花花兔听说要把她扔进河里，可害怕了。她摆着手说：“别，别，我不会游泳！把我扔进河里会被淹死的！”

酷酷猴赶紧出来解围。他说：“我来算。这个问题最难的是每个两位数都可以被各自两个数码之积整除。这 6 个数码不会太大，通过试验可以知道，15，24，36 符合要求。”

花花兔一看酷酷猴来算题，心里踏实多了。她挺着胸脯说：“没错 15 可以被 1×5=5 整除，24 可以被 2×4=8 整除，36 可以被 3×6=18 整除，全对。咱们走！”

# 数学加油站 11

## 开心科普

什么是数学危机？数学危机是数学在发展中出现的种种矛盾，比如正与负、加法与减法、微分与积分、有理数与无理数、实数与虚数等。在矛盾激化到涉及数学的基础时，就产生数学危机。在整个数学发展的历史上，贯穿着矛盾的激化与解决。往往在数学危机解决之后，会给数学带来新的内容，新的进展，甚至引起革命性的变革。

## 趣题探秘

### 1.（难度指数★★）

小浣熊卖了一天的水果，晚上数钱时，它发现手里的一沓纸币是一些2元的和5元的。小浣熊把这沓钱分成钱数相等的两堆，第一堆当中5元和2元的钱数相等；第二堆中5元与2元的张数相等。那么你知道，这一沓纸币至少有多少元吗？

### 2.（难度指数★★★）

猴子头领带领猴群去摘桃子，不算猴子头领，猴群的猴子数量正好可以分成三组。最后，猴子头领和猴群一共摘了312个桃子，猴子头领和每只猴子摘得一样多，并且不超过10个。那么，猴群有多少只猴子，每只猴子又摘了几个桃子呢？

扫一扫看金牌教师
视频讲解

花花兔和酷酷猴离开了鱼鹰，快步往前赶路。

花花兔越走越高兴："哈！咱俩快走完一圈啦！咱们就要胜利喽！"

酷酷猴可没有花花兔那样乐观，他说："不要高兴得太早，后面还不知有什么事呢！"

酷酷猴的话音未落，许多条蛇就钻出来挡住了去路，有眼镜蛇，有银环蛇，另外还有大蟒蛇。

这些毒蛇，可把花花兔吓坏了。她惊得大声叫道："蛇，蛇，毒蛇！"

酷酷猴也感到奇怪："哪儿来的这么多蛇呢？"

树上出现了3只黑猩猩，只听一只黑猩猩叫了一声，群蛇向酷酷猴和花花兔发起了进攻。

3只黑猩猩站在树枝上，一边蹦，一边叫："伙计们，上啊！抓住酷酷猴、花花兔，我们的头领有奖啊！"

花花兔和酷酷猴转身就跑，毒蛇在后面追。

眼看就要追上了，树上的黑猩猩突然发出命令："行啦！行啦！别追啦！你们该干吗干吗去吧！"毒蛇还真听话，听到命令，立刻停止了追击。

花花兔惊魂未定，捂着自己的胸脯说："吓死我了！"

这时，3只黑猩猩从树上跳了下来。

花花兔认识他们："嗨，这不是瘦子、秃子和红毛吗？"

红毛笑着说："你们不要害怕！这些毒蛇是我们3个养的。"

"真不够朋友！用这些毒蛇来吓唬我们？"花花兔说，"咱们既然是朋友，就让我们过去吧！"

秃子站出来说："放你们过去不难，你们要帮我们算一道题。"

听说算题，花花兔可不怕。她指着酷酷猴说："有我们神算大师在，什么难题也不怕！"

秃子说："我们3人每人都养了100条蛇。每人养的蛇都是眼镜蛇、银环蛇和蟒蛇。每人养的3种蛇的数目都是质数，每人养的蟒蛇数都相同，而眼镜蛇和银环蛇的数目各不相同。你们给我算算，我们每人养的3种蛇各多少条？"

花花兔打了一个哆嗦："哎呀！一提起这些蛇，我就害怕。猴哥，你快给他们算算吧！"

酷酷猴说："3个质数之和是100，其中必然有一个偶数，2是偶数中唯一的质数。所以，他们每人必然养了2条蟒蛇。"

花花兔指着3只黑猩猩说："你们好可恨哪！每人养的100条蛇中，只养2条无毒蛇，余下的98条都是毒蛇！"

红毛龇牙一笑说："毒蛇好玩！"

酷酷猴接着往下算："下面就是把98分解成两个质数之和了。98可以表示成下面两个质数之和：98=19+79=31+67=37+61。"

花花兔突然明白过来了，她抢着说："你们听好！答案出来了，你们3人养的3种蛇的数目分别是2、19、79；2、31、67；2、37、61。"

酷酷猴问："题目已经做出来了，该让我们走了吧？"

红毛让毒蛇让出一条路，花花兔和酷酷猴走了过去。

花花兔远远看见长颈鹿的头了，她知道转了一圈后又回到起点了。

"猴哥你看哪！那是长颈鹿的头，咱俩赶紧走几步就到起点了！"花花兔高兴地说。

酷酷猴也很高兴："快走！"

眼看就要回到起点了，突然，一头大犀牛挡住了去路。

"站住！"大犀牛凶悍地说。

花花兔一看大犀牛也来挡道，心里这个气呀。"嘿！你这大头牛长得真奇怪，怎么鼻子上长出一个角？"花花兔没好气地说。

大犀牛把眼一瞪："可气啊！连我这大名鼎鼎的犀牛都不认识，我顶死你！"

"饶命！"花花兔吓得一下跳出去好远。

酷酷猴往前走了一步："大犀牛你平常看着挺仁义的，怎么你也出来捣乱！你想怎么着？"

大犀牛往南一指说："我是让狒狒兄弟给气的！"

花花兔问："狒狒兄弟怎么气你了？"

大犀牛说："你听我说呀！狒狒兄弟4人，他们常跑过来和我玩。他们都长得差不多大小。有一次，我问他们都多大岁数了，其中一个狒狒说，我们兄弟4人恰好一个比一个大1岁。另一个狒狒说，我们4个人的年龄相乘恰好等于3024。让我算算他们每人有多大？"

花花兔轻蔑地说："嗨！这还不简单？你找那个看上去最小的狒狒，偷偷问问他有多大，然后你加1岁，加1岁，再加1岁，其他3个狒狒的年龄不就都知道了嘛！"

大犀牛听了花花兔的话，气不打一处来："我要是能问出来，还求你干什么！你不想帮忙，还来奚落我？吃我一顶！"说完低头用独角向花花兔顶去。

酷酷猴深知大犀牛独角的厉害，赶紧出来解围。

"大犀牛，请别生气，我来算！既然 4 个狒狒年龄相乘恰好等于 3024，我们就从 3024 人手考虑。"酷酷猴赔着笑脸说。

"这怎么考虑啊？"花花兔觉得无从下手。

"既然是相乘的关系，兄弟 4 人的年龄一定都包含在 3024 中。我们可以先把 3024 分解成质因数的连乘积。"说着酷酷猴在地上写出了算式：

$$3024 = 2 \times 2 \times 2 \times 2 \times 3 \times 3 \times 3 \times 7$$

大犀牛摇了摇脑袋，问："分解成 8 个数的连乘积有什么用？"

"既然他们兄弟 4 人恰好一个比一个大 1 岁，我可以把这 8 个数重新组合。"酷酷猴接着往下写：

$$3024 = 2 \times 2 \times 2 \times 2 \times 3 \times 3 \times 3 \times 7$$
$$= (2 \times 3) \times 7 \times (2 \times 2 \times 2) \times (3 \times 3)$$
$$= 6 \times 7 \times 8 \times 9$$

"算出来啦！狒狒兄弟的年龄分别是 6 岁、7 岁、8 岁和 9 岁。"花花兔高兴了。

"高，实在是高！"大犀牛服了，他握着酷酷猴的手说，"谢谢酷酷猴！"

酷酷猴和花花兔返回原地。

花花兔高兴地说："我们转了一圈又回来啦！"

长颈鹿站起来宣布比赛结果："我宣布，酷酷猴取得最后胜利！"

黑猩猩金刚叹了一口气，说："唉，我们真没有酷酷猴聪明！我服了！"

# 数学加油站 12

## 趣题探秘

### 1.（难度指数★★）

农场主在湖泊旁边有一块正方形土地，面积是 2304 平方米，请问这块土地的周长是多少米？

### 2.（难度指数★★）

如果 ABC×D=1673，在这个乘法算式中，A、B、C、D 代表不同的数字，ABC 是一个三位数。求 ABC 代表什么数呢？

## 轻松一刻

### （难度指数★★★）

射击这个箭靶的优胜规则，并不是每次都射中靶心，而是给你 6 支箭，射在箭靶上后得分正好是 100 分。该怎样射击呢？

# 第二章
## 寻找大怪物

花花兔拿着一封信一路小跑来找酷酷猴。

"酷酷猴，这里又有你的一封信。"

"又有人给我来信了？我的非洲朋友还真不少。"酷酷猴打开信一看，见信上写道：

聪明的酷酷猴：

　　我听说你聪明过人，此次来非洲还战胜了黑猩猩。可是别人都说我非常聪明，因此我很想和你比试一下，有胆量的来找我！我的地址是一直向北走'气死猴'公里。

大怪物

花花兔摸着脑袋说："这个大怪物是谁呢？这'气死猴'又是多少公里？这个人和你有什么仇？非要把你气死？"

面对花花兔一连串的问题，酷酷猴没有说话，他信手把信翻过来，发现信的背面还有字：

　　要想知道"气死猴"是多少公里，请从下面的算式中去求：

气死猴气死猴 ÷ 气 ÷ 死死 ÷ 死猴 = 气死猴。

其中气、死、猴各代表一个一位数的自然数。

花花兔看到这个算式，气得跳了起来："这也太气人了！一个算式中有 3 个'气死猴'，两个'死'字，最气人的是还有一个'死猴'！"

酷酷猴却十分平静，他笑了笑说："他采用的是激将法，就怕我不去找他。"

花花兔怒气未消："不管他是用'鸡将法'还是用'鸭将法'，他欺人太甚，咱们非要找到这个大怪物不可！"

酷酷猴说："要找到大怪物，先要算出'气死猴'所表示的公里数。"

花花兔看着这个奇怪的算式，一个劲儿地摇头："这个算式里除了'气'就是'死'就是'猴'，可怎么算呀？"

"既然这三个字代表三个自然数，咱们就可以把这三个字像三个数那样运算。我可以把算式左端的除数，移到右端变成乘数。"说着酷酷猴开始进行运算：

由　　气死猴气死猴 ÷ 气 ÷ 死死 ÷ 死猴 = 气死猴，

可得　气死猴气死猴 = 气死猴 × 气 × 死死 × 死猴。

花花兔着急地说："还是一大堆'气死猴'，往下还是没法做呀！"

酷酷猴说："关键是要把算式左端的'气死猴气死猴'变成'气死猴 ×1001！"

花花兔摇晃着脑袋："不懂！不懂！"

酷酷猴非常有耐心："我先给你举一个数字的例子，你一看就明白了。你看：六位数 658658 是由两个 658 连接而成，就像'气死猴气死猴'是由两个'气死猴'连接而成一样。而 658658=658×1001，同样，气死猴气死猴 = 气死猴 ×1001，明白了吗？"

花花兔勉强点点头："好像是这么回事。"

酷酷猴接着往下算："上面的式子就可以写成：

气死猴 ×1001- 气死猴 × 气 × 死死 × 死猴

两边同用"气死猴"除，可得

1001= 气 × 死死 × 死猴

"往下做，是不是把 1001 因数分解了？这个我会！"花花兔开窍了，她边说边写：

"1001=7×11×13

也就是　　　　1001= 气 × 死死 × 死猴 =7×11×13。

算出来啦！　　　气 =7，死 =1，猴 =3。"

酷酷猴皱了皱眉头，说："要往北走 713 公里，可不近哪！"

花花兔却满不在乎："为了找到这个可气的大怪物，再远咱们也要去！"

这时一匹斑马跑过来，斑马说："聪明的酷酷猴，让我送你们去吧！"

花花兔一听，高兴地跳了起来："太好了！谢谢你！"

斑马驮着酷酷猴和花花兔飞一样地向北跑去。

花花兔站在马背上喊着："哎呀！跑得真快呀！简直是火箭速度！"

花花兔问斑马："你知道火箭为什么会跑得那么快吗？"

斑马答道："因为火箭的后屁股着了火，谁的后屁股着火还不拼命往前跑？"

"火箭后屁股着了火？哈哈哈哈……"花花兔被逗得仰面大笑。由于笑得太厉害，花花兔一不小心从斑马背上掉了下来。斑马跑得太快了，酷酷猴和斑马愣是没有发现花花兔掉下去，还一个劲儿地往前跑呢。

一只猎豹偷偷从后面赶上来，一口咬住了花花兔："哈哈，送上嘴的美餐！"

"救命啊！"

花花兔的呼救声，惊动了酷酷猴。他回头一看，猎豹正叼着花花兔向远处跑去。

"停！停！停！不好了！花花兔掉下去了！让猎豹逮走了。"酷酷猴说。

斑马大吃一惊："糟了！猎豹跑得最快了，我也追不上他！"

酷酷猴也觉得事态严重，问斑马："你认识猎豹的家吗？"

"认识。我带你去！"斑马掉头就朝猎豹家跑。

跑到一处土坡前面，斑马停了下来，他大声叫道："猎豹——猎豹——你在哪儿？"

猎豹从土坡后面走了出来，问："我在这儿，找我有事吗？"

斑马问："你在忙什么哪？"

猎豹喜滋滋地说："我刚捉到一只肥嫩的兔子，正准备熬一锅兔子粥请客，让客人尝尝花花兔的肉是什么滋味。"

斑马小声对酷酷猴说："花花兔是让他捉来了。"

# 数学加油站 13

### 1.（难度指数★★）

有 4 只大猩猩，它们的年龄恰好一个比一个大一岁，他们的年龄数相乘的积是 5040。四只大猩猩的年龄分别是几岁？

### 2.（难度指数★★）

农夫有一块长方形的土地，面积是 315 平方米，长比宽多 6 米，那么农夫的这块长方形土地的长和宽是多少呢？

## 轻松一刻

### （难度指数★）

篮球比赛结束了，场上的 10 名队员每个人都要彼此握手致意，那么他们一共会握手多少次呢？

　　为了跟猎豹套近乎，酷酷猴上前问猎豹："你一共捉了几只兔子?"

　　猎豹说："就捉到一只，我要捉多了就分肉吃了，不用喝粥了!"

　　酷酷猴又问："你请了多少客人哪?"

　　猎豹低头想了想："我也说不清有多少客人。按原来准备的碗，如果客人都来齐，要少8只碗? 若增加原来碗数的一半，则又会多出12只碗。你说会来多少客人?"

　　酷酷猴说："我要是给你算出来有多少客人来，你怎样酬谢我?"

　　猎豹痛快地说："也请你喝一碗兔子粥。"

　　酷酷猴摇摇头："兔子粥我是不喝，我吃素。我算出来，让我和你一起熬粥，行吗?"

　　"行，行。没问题。"猎豹痛快地答应了。

　　酷酷猴开始计算："可以设原来准备的碗数为1，把原来的碗数增加一半，就是$1+\frac{1}{2}$。这$\frac{1}{2}$是多少呢? 就是原来差的8只碗和后来多出的12只碗之和。"

　　猎豹把脑袋摇晃着："不明白! 不明白!"

　　酷酷猴在地上画了一张图（见下图），然后指着图说："以客人数为标准，你可以看出，增加的$\frac{1}{2}$恰好是8+12=20。"

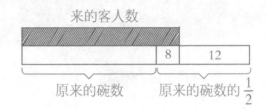

"对，对。"猎豹点点头说，"有图就明白多了。"

酷酷猴说："原来碗数的$\frac{1}{2}$是20只，原来的碗数就是40只。"

猎豹接着往下算："客人数就是40+8=48位。哈，来这么多客人！"

"你把花花兔放到哪儿了？"

"就捆在那棵大树的后面。"

酷酷猴自告奋勇地说："我去把兔子杀了，收拾好了，你好熬粥。"

猎豹点头："你去吧！我在这儿招呼客人。"

酷酷猴三蹿两跳就到了大树的跟前，转过去见到了被捆绑的花花兔。

花花兔见酷酷猴来了，忙说："猴哥快救我！"

"嘘——别出声，我把绳子给你解开。"

这时斑马也跑来了。斑马催促："你们快骑到我的背上，我带你们逃走！"

酷酷猴想了想说："不成，猎豹跑得快，他会追上你的。"

斑马着急地问："那怎么办？"

酷酷猴眼珠一转，说："咱们给他来个调虎离山计，你们这样，这样……"斑马和花花兔不住地点头称是。

突然，酷酷猴大声喊道："不好了！花花兔骑着斑马逃走了！"叫完拉着花花兔上了树，斑马则撒腿向远处跑去。

猎豹正在用大锅烧水，听到喊叫大吃一惊："什么？兔子跑了！她跑了这48位客人来了吃什么呀！追！"猎豹撒腿朝斑马逃跑的方向追去。

猎豹边追边喊："你好大的胆！敢和我比速度！看来你是活腻了！"猎豹到底是猎豹哇，没多久，他就跑到了斑马的前面，拦住了斑马。

猎豹瞪着通红的眼睛命令："给我站住！交出兔子！"。斑马停住了脚步："站住是可以的，但是兔子可是没有！"

猎豹逼问："兔子呢？"

酷酷猴从后面赶上来："我知道兔子跑哪儿去了。我骑着你去追好吗？"

为了得到花花兔，猎豹也顾不得这些了，他对酷酷猴说："你这个小猴子，反正也没多重，快上来吧！"猎豹驮着酷酷猴飞快跑去。

酷酷猴说："我骑过马，骑过牛，真还没有骑过猎豹。一直往北追！"酷酷猴用手向北一指。

猎豹说："你坐稳了，我让你体会一下'飞'的感觉。"说完一塌腰，四脚腾空，飞奔向前。

斑马叫花花兔从树上溜下来："花花兔，快下来，我驮着你跟着他们。"

"好极了！"花花兔从树上下来，骑上斑马，"走！"

猎豹虽说在追捕猎物时，短距离冲刺速度非常快，但是耐力较差，跑不了多远。结果没跑多久，猎豹就跑不动了。

　　猎豹一屁股坐在地上，上气不接下气地说："不行了，我跑不动了。"

　　这时后面的斑马和花花兔追了上来。

　　花花兔还喊着："猴哥，我们追上来了！"

　　酷酷猴"噌！"的一下从猎豹背上蹿到斑马的背上："猎豹，谢谢你送了我这么一大段路。"

　　"啊！你们原来是一伙的！可惜我没劲儿追你们了。"猎豹此时才恍然大悟。

## 趣题探秘

### 1.（难度指数★★）

一个水箱中里的水是装满时的 5/6，用去 200 立升以后，剩余的水是装满时的 3/4，那么这个水箱的容积是多少立升呢？

### 2.（难度指数★★）

有一根绳子，把它减去 1/5 之后又接上了 5 米，这时候绳子比原来短 3/20，现在绳子是多长呢？

### 3.（难度指数★★★）

下面的 12 个字母代表着一座小镇的 12 个电车站，这 12 个站由 17 条长度为 1 千米的铁轨相连，如果你是铁轨的巡检员，每天都要检查这 17 条铁轨的话，你会怎样为自己规划路线，从而使自己每天巡检时走的路程最短？

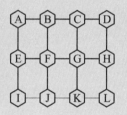

## 轻松一刻

斑马身上有着漂亮的条纹，它是斑马在同类之间相互区别的主要标记之一。这些条纹还是一种适应环境的保护色，在开阔的草原或沙漠地带，这种条纹在阳光或月光照射下，反射出不同的光线，能起到模糊或分散其体型轮廓的作用，让人很难与周围环境分辨开来。而且你知道吗，斑马身上的条纹和人类的指纹一样——没有任何两者是完全相同的。

斑马驮着酷酷猴和花花兔跑到河边。

花花兔高兴了："哈哈，我们终于逃脱了猎豹的魔爪。"

酷酷猴问斑马："咱们要过河吗？"

斑马没有回答，他表情十分严肃，小心翼翼地走到河水中。

花花兔奇怪地问："大斑马，你的腿为什么乱颤啊？"

"嘘！这条河里有鳄鱼。"斑马小声说。

听说河里有鳄鱼，花花兔的脸吓得更白了，她趴在斑马背上左顾右看。

这时一条鳄鱼露着鼻孔向斑马这边游过来。

还是酷酷猴的眼尖："快看！那是什么东西。"

说时迟那时快，鳄鱼一口咬住了斑马的后腿。鳄鱼高兴极了："哈哈，可逮着这拨儿了，我可以美餐一顿了！"

斑马痛苦地挣扎："哎呀，疼死我了！"

酷酷猴大声问鳄鱼："出个价吧大鳄鱼，在什么条件下，你可以不吃斑马？"

"这个……"鳄鱼想了一下，"如果斑马能算出我有多长，说明这匹斑马很聪明，我从不吃聪明的动物。"

酷酷猴答应："好，你说吧！"

花花兔吃了一惊："哎呀，原来鳄鱼专吃不懂数学的傻动物！"

　　鳄鱼说："我是长尾鳄鱼，我的尾巴是头部长度的三倍，而身体只有尾巴的一半长。我的尾巴和身体加在一起是 1.35 米，问我有多长？"

　　斑马开始计算："可以想象把鳄鱼分成几等分，头部算一份。由于尾巴是头的三倍，尾巴就应该占三份。"

　　鳄鱼插问："我的身体应该占几份呢？"

　　斑马想了一下："身体是尾巴长度的一半，因此身体应该占 $\frac{3}{2}$ 份。"

　　斑马好像找到了头绪："这样一来，鳄鱼的总长是 $1+\frac{3}{2}+3=5\frac{1}{2}$ 份，其中头部恰好占一份，所以可以先把头长算出来：

$$头长 = 1.35 \div \left(1+\frac{3}{2}+3\right) = 1.35 + \frac{11}{2} = \frac{27}{110}（米）$$

　　鳄鱼瞪大眼睛问："照你这么说，我的头长是一百一十分之二十七米喽？"

　　斑马毫不犹疑地说："对！"

　　斑马的回答可急坏了酷酷猴，他偷偷地用力在斑马的屁股上掐了一把，疼得斑马跳了起来。

　　斑马大叫："哎呀，疼死我了！唉，我想起来了，我刚才做得不对！"斑马显然明白了酷酷猴掐他的用意。

　　鳄鱼问："怎么又不对了？"

　　酷酷猴趴在斑马耳朵上小声说："不对！ 1.35 米只是鳄鱼的身体和尾巴的长度，不包括头的长度。求头长时，应该用 $\frac{3}{2}$ +3 去除才对。"

　　斑马"嘿嘿"一笑，说："我刚才是想试试你会不会算。正确的算法是：

$$头长 = 1.35 \div \left(\frac{3}{2} + 3\right) = 1.35 \div \frac{9}{2} = 0.3（米）$$

$$总长 = 1.35 + 0.3 = 1.65（米）$$

鳄鱼发怒了："你死到临头，还敢试我！我要给你点颜色看看！"说着就要翻身打滚撕咬斑马。原来，鳄鱼不会咀嚼食物，他吃大型动物时，是靠身体打滚撕下肉来，再整块吞进去的。

"慢！"酷酷猴对鳄鱼说，"你不能说话不算数啊！你刚才说算出你有多长，你就不吃斑马了。"

鳄鱼瞪着眼睛说："我不吃他，我饿！"

酷酷猴小声对花花兔说了几句，花花兔点点头说："好的，我先走了。"说完就跳到了对岸。

花花兔从岸上扔过一柄鱼叉："猴哥，接住！"

酷酷猴喊了一声："来得好！"

鳄鱼不明白酷酷猴要搞什么名堂，问："你要鱼叉干什么？"

酷酷猴举着鱼叉说："扎你啊！"

"扎我？"鳄鱼笑着摇摇头说，"你没看见我背部鳞甲有多厚吗？你根本就扎不进去！"

酷酷猴问："你鳄鱼吃大型动物时，是不是靠打滚儿撕猎物的肉吃？"

鳄鱼点头："对呀！"

酷酷猴又问："你的腹部是不是没有鳞甲，很容易扎进去？"

鳄鱼稍一愣神："这——也对！"

酷酷猴说："你胆敢打滚撕咬斑马，我就趁机用鱼叉扎你的肚皮！"

鳄鱼一听慌了神："这斑马我不吃啦！我跑吧！"说完潜进水里，跑了。

## 趣题探秘

### 1.（难度指数★）

森林里正在修一条新的马路，已修的是未修的 1/3，再修 300 米后，已修的就会变成未修的 1/2，请问这条马路的总长是多少米？

### 2.（难度指数★）

一座粮库里储存着一批粮食，在一次救援灾区时运出了 720 吨，粮库里还剩余 6480 吨，请问运出的粮食和剩余的粮食各占原来重量的百分之几？

### 3.（难度指数★）

下面是一个有趣的算式：

1+2+3+4+5+6+7+8+9=45

开动脑筋想一下，怎样把其中的一个加号变成乘号后，使算式的结果等于 100？

## 轻松一刻

鳄鱼不是鱼类，而是爬行动物。鳄鱼是迄今发现活着的最原始的动物之一，它大约出现于两亿年前，和恐龙是同时代的动物。鳄鱼是肉食性动物，性情凶猛，它们的咬合力可以轻松达到 1 吨，有一种生活在东南亚与澳大利亚北部的湾鳄，咬合力更是能达到 3 吨以上。

04
鳄鱼搬蛋

"好啊！好啊！鳄鱼逃跑喽！"花花兔高兴的时候总是跳起来。

这时一条更大的母鳄鱼突然从水中钻了出来："谁说鳄鱼逃跑了？小鳄鱼走了，老娘我还在！"

酷酷猴迎上前去，问："你是不是也想吃斑马？"

母鳄鱼点点头说："你说得对。不过，他能帮助我解决一个难题，我也放他一马。"

斑马也来了勇气，他问："你说说看，是什么难题？"

母鳄鱼把自己生的蛋一字排开放在沙滩上。

母鳄鱼说："我们几条母鳄鱼一共生下了 100 个蛋。一时高兴，想显示一下我们的生育能力，我们把这 100 个蛋一字排开放到了沙滩上，相邻两个蛋的距离为 1 米。"

母鳄鱼生气地说："谁想到大蜥蜴想偷吃这些蛋。这当然不成！我和大蜥蜴进行了殊死的战斗。大蜥蜴被我咬伤逃走了。"

"为了防止大蜥蜴再来偷蛋，我决定把这 100 个蛋集中放在一起，便于看管。"

花花兔问："你怎样看管？"

母鳄鱼说："我把最靠左边的蛋叫第一个蛋，从第一个蛋出发，依次把其他蛋取回放到第一个蛋处。我的难题是，要把这 99 个蛋全部搬完，一共要走多少路？"

斑马小声问酷酷猴："这个问题从哪儿下手计算？"

酷酷猴回答："算出她搬前三个蛋各走多少路？找出其中的规律来。"

"我来给你解算这个难题。"斑马开始计算，"你从第一个蛋出发，爬到第二个蛋，要爬行 1 米。你用嘴衔起第二个蛋，爬回到第一个蛋处，又爬行了 1 米，这一来一去共爬行了 2 米。"

母鳄鱼点头表示同意。

斑马继续算："你从第一个蛋爬行到第三个蛋，要爬行 2 米？把第三个蛋衔回来，又要爬行 2 米，合起来是 4 米。搬第四个蛋要爬行 6 米。你的爬行规律是 $2=1 \times 2$，$4=2 \times 2$，$6=3 \times 2 \cdots \cdots$ 搬第 99 个蛋应爬行 $99 \times 2=198$（米）。"

母鳄鱼急着要算出结果来："我一共要爬行 $2+4+6+\cdots \cdots +196+198$（米）。哎呀！这么长的加法，我怎么算呀？"

酷酷猴说："我教你一个好算法。由于式子里任何相邻两项之差都是 2，你再给它加上一个顺序倒过来的式子：

$$2+4+6+\cdots \cdots +196+198$$
$$+198+196+194+\cdots \cdots +4+2$$
$$00+200+200+\cdots \cdots +200+200$$

这一共是 99 个 200 相加。"

"我明白了！"母鳄鱼也不傻，她说："总数是

$$200 \times 99 \div 2=9900 （米）$$

哎呀妈呀！我总共要爬行 9900 米，在陆地上爬这么长距离，

还不累死我啊！"

斑马说："你的难题我给你算出来了，该放我走了吧！"

"不成！"母鳄鱼拦住斑马，"你斑马在陆地上善于奔跑，你要帮我把这些鳄鱼蛋收集到一起，不然的话，我还是要把你吃了！"

"好吧！"斑马把鳄鱼蛋放到光溜溜的马背上，"我给你运蛋可以，摔坏了我可不管啊！"

斑马往前一跑，放在马背上的鳄鱼蛋"啪！""啪！"滚落在地上。母鳄鱼心痛得大叫："哎呀，我的宝贝蛋啊！"

趁母鳄鱼走神儿之际，斑马招呼酷酷猴和花花兔："快上来！"

"噌！""噌！"酷酷猴和花花兔跳上马背，一溜烟儿似的逃走了。

后面传来母鳄鱼的骂声："该死的斑马，你等着，你下次过河我绝饶不了你！"

## 开心科普

传说古希腊毕达哥拉斯学派的数学家经常在沙滩上研究数学问题,他们在沙滩上画点或用小石子来表示数。比如,他们研究过 1、3、6、10、15、21、28……由于这些数可以用三角形点阵表示,他们就将其称为三角形数。类似的 1、4、9、16、25、36、49……被称为正方形数,因为这些数能够表示成正方形。因此,按照一定顺序排列的一列数称为数列。

## 趣题探秘

### 1.(难度指数★★)

一位运动员给自己制定了 1 个 7 天的训练计划,第一天跑 5000 米,以后每天增加 500 米,那么这名运动员在 7 天里一共跑了多少米?

### 2.(难度指数★★)

森林里的剧场建成了,剧场里有 20 排座位,第一排有 38 个座位,往后每排都比前一排多 2 个座位,请问森林剧场一共有多少个座位?

## 轻松一刻

### (难度指数★★)

高斯是德国数学家、天文学家和物理学家,被誉为历史上伟大的数学家之一。在他 10 岁那年,他的老师布置了一道很繁杂的计算题,要求学生把 1 到 100 所有整数加起来。老师刚说完题目,高斯即刻把答案交了上去。老师一开始并不在意他的举动,以为高斯在捣乱,但当他发现高斯的答案是全班唯一正确的时候,才大吃一惊。而更使人吃惊的是高斯的算法,他发现:第一个数加最后一个数是 101,第二个数加倒数第二个数的和也是 101……共有 50 对这样的数,用 101 乘以 50 得到 5050。

斑马摆脱鳄鱼的纠缠，驮着酷酷猴和花花兔一阵狂奔，当停下来时，已经分不出东南西北。他们迷路了。

斑马懊丧地说："虽说我们逃出了鳄鱼的魔爪，可是我们也不知道现在是在什么地方？"

酷酷猴环顾四周，发现周围有许多条道路。

酷酷猴数了一下说："周围有 10 条小路，我们走哪一条才能找到大怪物呢？"

花花兔发现在其中一条路上写有菱形数阵。

| （1） | （2） | （3） | （4） | （5） | （6） | （7） |
|---|---|---|---|---|---|---|
|  |  |  | 2 |  |  |  |
|  |  | 4 |  | 6 |  |  |
|  | 81 |  | 10 |  | 2 |  |
| 14 |  | 16 |  | 18 |  | 20 |
|  | 22 |  | 24 |  | 26 |  |
|  |  | 28 |  | 30 |  |  |
|  |  |  | 32 |  |  |  |
|  |  | 34 |  | 36 |  |  |
|  | 38 |  | 40 |  | 42 |  |
| 44 |  | 46 |  | 48 |  | 50 |

花花兔指着数阵喊："你们看！这是什么？"

只见数阵下面写着："写着数阵的这条路算 1 号路，顺时针数第 n 号路是找到大怪物的唯一道路，其他路充满危险，万万不可走！n 是 2000 在这个数阵中所在的列数。"

花花兔瞪着大眼睛说："n 号路究竟是哪条路？走错了，非让狮子、豹子给吃了不可！"

斑马："我随便去一条路探探，看看是否真的有危险？"说完斑马向一条小路走去。

没过多久，斑马狼狈地逃了回来，后面还传来阵阵的吼声。

花花兔忙问："这是怎么了？"

斑马擦了一把头上的汗："我的妈呀！前面有 10 头大狮子拦住了去路！"

　　酷酷猴想了一下，说："看来真不能瞎闯，必须把这个 n 算出来才行。"

　　"那就算吧！"花花兔看着数阵说，"最上面写在括号中的数肯定是列数。可是，2000 是个很大的数，它到底在哪一列中啊？"

　　酷酷猴提醒说："你仔细观察一下数阵中的数都有什么特点？"

　　花花兔看了好半天，突然一拍腿："我看出来了！数阵是由一个接一个的菱形组成，里面的数全部是偶数。"

　　"对！"酷酷猴说，"你再观察一下，每一个菱形最上面的一个数都是多少？"

　　"第一个是 2，第二个是 32，第三个应该是 62，往下我就不知道了。"

　　"应该通过观察找出规律来。"酷酷猴还是强调找规律。

　　花花兔又看了一会儿："有什么规律呢？"

　　酷酷猴说："每个菱形都是由 16 个偶数组成，把前一个菱形最上面的数依次加上 15 个 2，就得到下一个菱形最上面的数。比如 2+2×15=32，32+2×15=62。"

　　花花兔打断酷酷猴的话："我会算了。往下是 62+2×15=92，92+2×15=122，可以一直算下去……"

　　酷酷猴拦住说："够了，够了，别往下算了！"

　　"为什么不让我往下算了？"花花兔显然还没算过瘾。

　　酷酷猴说："我已经算出来 2000 所在的菱形，最上面的数是1982，在这个菱形中，2000 排在第 7 列。"

　　花花兔很快就找到了第 7 条路："这就是顺时针数第 7 条路，咱们走吧！"

　　斑马心有余悸："想起刚才那些大狮子心里就害怕，我不去了。"

　　见斑马不想去，酷酷猴也不好勉强："你一路辛苦了，谢谢你送我们这么远的路。再见！"

　　斑马说："再见！"

　　花花兔说："再见！"斑马告别酷酷猴和花花兔，追赶自己的伙伴去了。

　　酷酷猴和花花兔沿着第7条路一直往前走，走了很长一段路，也没见到大怪物的踪影。

　　花花兔有点不耐烦了："咱们这样一直往前走，走到哪儿算一站呀？"

　　酷酷猴往前一指："你看，前面那三个大家伙是什么？"

　　花花兔跷起脚向远处眺望，只见两大一小3个金字塔矗立在远方。"啊！那是著名的埃及金字塔！快过去看看！"

　　酷酷猴和花花兔快速向金字塔奔去。

　　他们在金字塔中间发现了一扇门。

　　酷酷猴好奇地说："瞧！这儿有一扇门。"

　　花花兔催促道："进去看看！"

# 数学加油站 17

## 趣题探秘

### 1.（难度指数★）

下面一组数字，

1、2、3、6、7、8、14、15、30

去掉哪一个数字才能使数列成立？

### 2.（难度指数★★）

参照下列三角形中的前两个，下面第三个三角形标注问号的地方，应该填入什么数字？

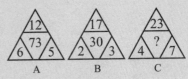

## 头脑风暴

有以下数字的样子作为参考，想象一下数字6应该是什么样子？

| 9 | 1 |
|---|---|
| 7 | 2 |
| 5 | 4 |
| 8 | 3 |

酷酷猴和花花兔沿着金字塔的通道往里走。

酷酷猴说："听说金字塔里有法老的木乃伊。"

"什么是法老？什么是木乃伊？"花花兔从没听说过。

酷酷猴解释："简单地说，法老就是国王，木乃伊是用特殊方法把死人做成的干尸。"

花花兔身上一激灵："啊？干尸？死尸就够可怕的了，干尸不就更可怕了！"

这时，前面出现一道关闭的大门，花花兔过去看了看："这扇大门打不开，咱俩还是回去吧！"

酷酷猴指着门上的图说："你看这是什么？"（见下图）

𓎼𓈗𓏏𓂝𓄿𓏦𓂋𓏝𓊨𓂝𓀭𓏥

花花兔仔细看了看："这上面有小鸭子，有小人头，还有小甲虫。"

突然，里面传来一种奇怪的声音。

酷酷猴侧耳细听："你听，这是什么声音？"

花花兔也听到了："这声音离咱们越来越近，是不是木乃伊复活了？啊，咱俩赶快跑吧！"

"吱呀"一声，大门打开了一道缝，从缝里慢悠悠地爬出一只大乌龟，随后大门又"咣"的一声自己关上了。

"谁在那儿胡说八道哪？干尸怎么能复活呢？"大乌龟厉声问道。

"是一只大乌龟！"酷酷猴松了一口气，"金字塔里怎么会有这么大的乌龟？"

大乌龟爬到酷酷猴的跟前，喘了一口气："从修建金字塔时我就在这儿了，我在塔里守护了有几千年了。"

花花兔称赞说："真了不得！怪不得人家说，千年的王八万年的龟。要论辈分，我要叫你老老老老老老老爷爷了！"

酷酷猴问："老乌龟，你知道如何打开这扇门吗？"

"当然知道。"老乌龟慢条斯理地说，"这门上画的不是画，而是一道用古埃及象形文字写的方程题。"

花花兔又吃了一惊："什么？这是一道方程题？"

"咳，咳。"老乌龟先咳嗽两声，"我把这道方程题从左到右读一下，你们好好听着：最左边的三个符号表示'未知数''乘法'和'括号'，第四个符号表示$\frac{2}{3}$，第五个符号小鸭子表示'加法'，第六个符号的上半部分表示$\frac{1}{2}$，下面是加法。"

"嘻嘻，真有意思！快往下说。"花花兔越听越高兴。

老乌龟慢吞吞地接着往下说："第七个符号表示$\frac{1}{7}$，第九个符号上半部有一个小人头，旁边写数字1，表示'全体'或者'1'，第十、第十一、第十二连在一起表示括号和等号，最右边的是37。"

花花兔边听边写，老乌龟说完了，她也把方程写出了：

$$x\left(\frac{2}{3}+\frac{1}{2}+\frac{1}{7}+1\right)=37$$

老乌龟赞许地点点头："这可是三千多年前的方程！你们能把这道方程解出来，把答数写在大门上，大门就会自动打开。不过……"

花花兔追问："不过什么？"

老乌龟严肃地说："如果你们把答数算错了，就不要再想走出这座金字塔，你们将和我一样，永远守护在这里。"

花花兔问："这么说，当初你是解错了方程，才被留在金字塔里的！"

老乌龟笑着说："聪明的花花兔！"

花花兔有些得意，她把胸脯一挺："你放心，我猴哥的数学特别棒！解这样的小方程，不在话下！"

酷酷猴瞪了花花兔一眼："不许吹牛！我来解解试试。"

酷酷猴开始解方程：先把括号里的4个数相加，得

$$\frac{97}{42}x=37$$

$$x=\frac{1554}{97}$$

花花兔忙着要把答数写到大门上。

酷酷猴赶紧拦住了她："慢！解完方程需要检验。解错了，咱俩就要在金字塔里待一辈子了！"花花兔吓得把舌头吐出老长。

酷酷猴开始算："把$x=\frac{1554}{97}$代到方程的左边，计算一下看看是否等于右边。"

花花兔抢着说："我来算：左边 $= \dfrac{1554}{97} \times ( \dfrac{2}{3} + \dfrac{1}{2} + \dfrac{1}{7} + 1 )$

$= \dfrac{1554}{97} \times \dfrac{97}{42} = \dfrac{1554}{42} = 37$

右边 $=37$

左右相等，答数正确。"

花花兔迅速地把答数写在门上，刚一写完，果然门就自动打开了。

## 趣题探秘

**1.（难度指数★）**

在森林里举行的攀岩比赛中，参赛的猴子与狒狒一共是 48 只。其中猴子占 7/12，其余的是狒狒，狒狒比猴子少了多少只？

**2.（难度指数★★）**

将数字 1、2、3、4、5、6、7、8、9 按照某种方式排列，使它们相加以后等于 99999，稍微转换一下思路，你就会发现答案。

## 轻松一刻

与我们常见的生活在水里的乌龟不同，有一些种类的乌龟只生活在陆地上，我们统称它们为陆龟，世界上现存的 40 余种陆龟中大多数分布于非洲和马达加斯加。中国塔克拉玛干沙漠地区有一种四爪陆龟，这种龟不像普通乌龟那样每肢上长有五爪，而是每肢上只有四爪，四爪陆龟全年要有 300 多天的时间钻入沙中，它不但冬眠，而且还要夏眠。

酷酷猴和花花兔跨进门,刚想往里走,突然里面刮起一阵狂风,把他们又吹出了金字塔。

酷酷猴大叫:"好大的风啊!"

花花兔说:"是啊,我们都被吹飞起来了!"

风一停,两人发现都坐在了地上,花花兔的头上还蒙着一块红布。

酷酷猴开玩笑说:"嘻嘻!花花兔要当新娘啦!头上还蒙着一块红盖头呢。"

花花兔拿下盖头布,发现上面也写着许多稀奇古怪的字。她愣了一下:"这上面的字,我还是一个都不认识。"

"可能又是古埃及的象形文字,只好请教老乌龟了!"

酷酷猴把红盖头递给了老乌龟。

老乌龟看着上面的字,念道:"请你测量出这座金字塔的高,再测出底面正方形的一条边长,计算出比值:

$$\frac{一条边长+一条边长}{高}$$

看看这个比值有什么特点？为什么？答出此问题，可见木乃伊。"

花花兔一撇嘴："看看死木乃伊，还这样难？"

酷酷猴说："木乃伊还有活的？咱俩快动手测量吧！"

酷酷猴和花花兔测出金字塔底面正方形的一条边长是230.36米。

"这金字塔的高该如何测量呢？"酷酷猴望着金字塔发愣，自言自语。

"这还不容易。"花花兔出主意说，"你爬到塔尖上去量量，不就成了嘛！"

"成！"酷酷猴爬金字塔还不是小菜一碟，只见他"噌噌"几下，就到了塔顶。

"我爬上来了！"酷酷猴扔下测量用的绳子。突然酷酷猴喊道："哎，不对呀！这样量出来的并不是金字塔的高呀！"

"对，这是斜着量的，不是金字塔的高。"花花兔也发现不对了。

"这可怎么办哪？"花花兔发愁了。

"啊，我有办法了！"酷酷猴又爬了下来，在金字塔旁边立起一根垂直于地面的木棍。

酷酷猴说："这根木棍1米长，你测量一下它的影子有多长？"

花花兔量了量说："影长是1.1米。"（见下图）

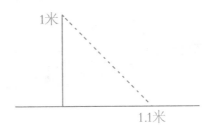

酷酷猴说："你再测一下金字塔的阴影长。"

花花兔说："金字塔的阴影长是 46.08 米。"

酷酷猴先画了一个图（见下图），然后说："金字塔的高和它的影长的比，应该等于木棍的长和它的影长的比。"

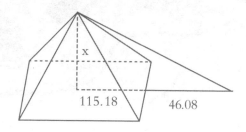

115.18　　　46.08

花花兔点点头说："我知道这是利用相似的原理。"

设金字塔的高为x米，则

$$\frac{x}{115.18+46.08}=\frac{1}{1.1}$$

$$\frac{x}{161.26}=\frac{10}{11}，\quad x=146.6（米）$$

花花兔说出了答案："金字塔高是 146.6 米。"

酷酷猴说："有了金字塔的高就可以算出它给的比值了。"

$$\frac{一条边长+一条边长}{高}=\frac{230.36+230.36}{146.6}$$

$$=\frac{460.72}{146.6}\approx 3.142。$$

花花兔皱着眉头问："猴哥，你不觉得这个比值有点眼熟吗？"

"我想起来了！"酷酷猴说，"3.14 不是圆周率的近似值吗？这金字塔怎么和圆周率扯在一起了呢？"

"我也觉得奇怪。"花花兔问老乌龟，"老乌龟，你知道这其中的道理吗？"

"当然知道。"老乌龟说，"当时，我就在旁边看着哪！修金字塔时，他们用的是轮尺（见下图）。轮子在地上滚动一周的距离恰好等于轮子的周长。"

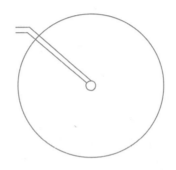

老乌龟怕他们听不明白，又画了一个图（见下图）进行解释。

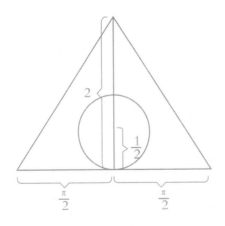

老乌龟说："修金字塔时，他们先定塔高为 2 个单位长，取高

的一半为直径在中心处画一个大圆。这时半径 $R=\dfrac{1}{2}$，让大圆向两侧各滚动半周，这样就定出金字塔底座一边的长度，它就等于大圆的周长，也就是 $2\times\pi\times R=2\pi\times\dfrac{1}{2}=\pi$。"

"明白了！明白了！"花花兔挺聪明，"这样就有 $\dfrac{一条边长+一条边长}{高}=\dfrac{\pi+\pi}{2}=\pi$。"

"原来是这么个道理，你要不说，还真想不到！"酷酷猴恍然大悟。

"我给你们讲个新鲜事儿。"老乌龟知道的事情还真不少，他说："前几年，英国一家杂志的主编约翰，对金字塔的各部分尺寸进行过仔细的计算，他也发现了金字塔里隐藏着 $\pi$。他百思不得其解，最后竟导致神经错乱！"

"哈哈，天底下还有这种事？"花花兔笑得前仰后合。

酷酷猴突然也做神经错乱状，他问："你看我是不是也神经错乱了？"

花花兔说："你这是饿的吧！我们真该吃点东西了，吃完我们去看木乃伊。"

开心
科普

　　金字塔到底凝结着古埃及人多少知识和智慧，仍是个未解之谜。例如，金字塔底正方形的边长 ×2÷金字塔的高，恰好约等于 3.14，也就是 π；金字塔的重量 ×10×10 的 15 次方 = 地球的重量；金字塔的高 ×10×10 的 9 次方 ≈ 1.5 亿千米 = 地球到太阳的距离；金字塔塔高的平方 = 金字塔侧面三角形的面积；胡夫金字塔底边长 230.36 米，为 361.31 库比特（埃及度量单位），大约是 1 年的天数……还有更多的未解之谜，等待人们去揭开。

## 趣题探秘

### 1.（难度指数★★）

　　如图，已知△ ABC 和△ BCD 都是等腰三角形，已知∠ A 等于 30°，求∠ ABD 的度数。

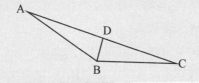

### 2.（难度指数★★）

如下图六边形，求∠ 1+∠ 2+∠ 3+∠ 4+∠ 5+∠ 6=？

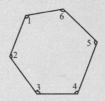

## 08
### 老猫的功劳

　　酷酷猴和花花兔进金字塔没多久，就从里面跑了出来。

　　酷酷猴摇着头说："木乃伊可真难看哪！"

　　花花兔捂着脑袋："真吓死人了！"

　　酷酷猴猛地想起了自己的使命，赶紧问老乌龟："你知道附近有个叫大怪物的吗？"

　　"大怪物？"老乌龟摇摇头，"不知道。不过，你可以问老猫，他到处跑，知道的事儿多！"

　　酷酷猴又问："我们到哪里去找老猫？"

　　"这个好办！"老乌龟待人真是热情，他扯着嗓子叫道："老——猫！你在哪儿啊？"

　　不一会儿，老猫拿着一张纸跑了过来："来了，来了。别跟叫魂儿似的！有什么要紧的事？"

　　老乌龟说："有人打听大怪物，你知道吗？"

　　"知道，知道。不过，我现在遇到一个难题，没工夫管闲事。"老猫只顾看纸上的字。

　　花花兔对老猫说："你只要告诉我们大怪物在哪儿，我们可以帮你解决难题。"

　　"真的！"老猫用怀疑的目光看了花花兔一眼，"一只兔子能比我老猫还聪明？"

花花兔一把拉过酷酷猴："这里还有酷酷猴哪！酷酷猴的聪明才智可是世界有名！"

"这只猴子还差不多。"老猫把纸递给酷酷猴，"这是刚发现的古埃及的文献，上面记载了我们猫家族的丰功伟绩，可是我看不懂啊！"

酷酷猴见纸上有一串数字，数字下面画着图（下图）。

$7$　$7×7$　$7×7×7$　$7×7×7×7$　　$7×7×7×7×7$

房子　猫　　老鼠　　　　大麦　　　　　　斗

花花兔见酷酷猴看着纸直发愣，一把抢了过来："什么难题，我来看看！"

花花兔左看看右看看，摇着头说："这上面有数又有图，都是些什么乱七八糟的！"

"不，这些图之间是有联系的，它说明了一件事。"

酷酷猴在耐心思考。

"一件事？什么事？"老猫来了兴趣。

酷酷猴解释："它上面是说：从前有7座房子，每座房子里有7只猫，每只猫吃了7只老鼠，每只老鼠吃了7穗大麦，每穗大麦种子可以长出7斗大麦。让你计算一下这些东西的总和是多少？"

"不对呀！你说的都是7，可是纸上写的有7×7，7×7×7，7×7×7×7呀！"花花兔又开始有点糊涂。

酷酷猴说："有7座房子，每座房子里有7只猫，那么猫的总数就是7×7。而每只猫吃了7只老鼠，被吃掉的老鼠总数就是7×7×7。"

"傻兔子！这点小账都算不清楚。"老猫更看不起花花兔了。

花花兔一听老猫叫她"傻兔子"，立刻气不打一处来："说我傻兔子？你才傻呢！这里哪记载你们猫家族的丰功伟绩了？"

老猫骄傲地说："这上面只写了 7×7=49 只猫，就吃了 7×7×7=343 只老鼠，保护了 7×7×7×7×7=16807 斗大麦，你要记住我们保住了 16807 斗大麦！这功劳还小吗？"

酷酷猴一看花花兔和老猫争执起来了，赶紧打圆场："不小，不小！你的难题解决了，该告诉我们大怪物在什么地方了吧？"

老猫瞪了一眼花花兔："好吧！你们跟我走。"

酷酷猴冲老乌龟一抱拳："谢谢老乌龟！"

花花兔也对老乌龟招招手："老乌龟再见！"

"再见！"老乌龟也摆摆手说，"祝你们好运！"

酷酷猴和花花兔告别了老乌龟，跟着老猫上路了。

老猫带着他俩走啊，走啊，走了很长的路，来到了两座大山前。这两座山几乎靠在了一起，山与山之间只有一道细缝，俗称"一线天"。

花花兔抬头望着这两座山："好高的山哪！"

老猫往前一指："我们要通过这两座山，必须先通过这个'一线天'。"

花花兔三蹦两跳，抢先向"一线天"跑去。

没跑几步，花花兔调头就往回跑："天哪！那、那、那、那里卧着一只母狼！"花花兔浑身哆嗦着。

"哈哈，我正愁分不过来哪！又来了一只兔子，这就好分了！"说着，母狼就朝花花兔扑来。

花花兔吓得大叫："猴哥救命！"

酷酷猴勇敢地把花花兔挡在自己的身后，大声说："站住！这花花兔是我的朋友，你不能吃！"

"不吃？"母狼上下打量了一下酷酷猴，"不吃也行，但你必须帮助我，把我老公留下的肉分清楚，否则我一定要吃兔子肉！"

## 数学趣话

大约 1500 年前,欧洲数学界里还没有"0"这个数字。当时罗马帝国有一位学者从印度计数法里发现了"0"这个符号。他非常高兴,还把"0"的使用方法向大家做了介绍。但是当时的教皇却非常恼怒,他斥责说,神圣的数是上帝创造的,在上帝创造的数里没有"0"这个怪物!于是,教皇就下令,把这位学者抓了起来,"0"也被明令禁止使用了。不过即使这样,罗马的数学家们仍然秘密地在使用"0",后来"0"终于在数学界被广泛使用。

## 趣题探秘

### 1.(难度指数★★)

试着找出下面一串数字的规律,在空白处填上正确的数字。

5,11,23,(？),95,191

### 2.(难度指数★★)

观察下列表格,将表格里的问号换成数字,使表格的每行、每列以及两条对角线的数字相加的和都等于 34。要求是:(1)使用 1 至 16 之间的数字;(2)每个数字只能使用一次;(3)现有数字不动。

| ? | 3 | ? | 13 |
|---|---|---|---|
| 5 | ? | 11 | ? |
| ? | ? | ? | ? |
| 4 | 15 | ? | ? |

## 轻松一刻

有一家四兄弟,他们 4 个人的年龄乘起来是 14,请问他们各自是多少岁?

酷酷猴问母狼："你老公留下什么肉？为什么要分？"

"咳,说来话长,往事不堪回首啊！"母狼的眼睛里充满了泪水,"有一次,我老公和一只母狮同时发现了一只小鹿,两人开始争夺起来。我老公虽然体格健壮,但是和身体比他大两倍的母狮争斗,还是吃了亏。"

花花兔急着问："你老公怎么了？"

母狼伤感地说："我老公虽然抢得了小鹿,但是身负重伤。他虽然伤势严重,但还是把小鹿拖回了家。到了家,我老公已经奄奄一息了。"

母狼停顿了一下,又说："我老公向我交代了后事。他说,他是不行了。我有孕在身,就把这只小鹿留给你和我们未出生的孩子吧。我问他,这肉怎样分法？"

花花兔插话："对呀！这肉怎样分哪？"

"我老公说,如果生下一只小公狼,就把这只小鹿的 $\frac{2}{3}$ 给小公狼,我留下 $\frac{1}{3}$;如果生下一只小母狼,我把小鹿的 $\frac{2}{5}$ 给她,我留下 $\frac{3}{5}$。说完他就死了。"说到这儿,母狼已是泪流满面。

花花兔摇摇头，说："怪！怪！怪！狼也重男轻女呀！"

酷酷猴问："你就按着你老公说的去分吧！"

母狼着急地说："不成啊！我生下的不是一个，而是一儿一女双胞胎，这可怎么分哪？"说着，两只小狼从洞里爬出来，依偎在母狼的身边。

花花兔一皱眉："真是添乱！这可没法分了！"

"既然没法分，我就把小鹿给我的儿女平分，我吃了你就算了。"说完，母狼两眼冒着凶光，向花花兔逼来。

"慢！"酷酷猴站出来说，"我有办法分，可以按比例来分。"

母狼停住了脚步："什么？按比例分？怎样分法？"

酷酷猴说："按着你老公所说，小公狼和你的分配比例是$\frac{2}{3}$：$\frac{1}{3}$；小母狼和你的分配比例是$\frac{2}{5}$：$\frac{3}{5}$=2:3。而2:1=6:3，由此可知，小母狼:你:小公狼 =2:3:6。"

"知道了这个比例又有什么用？"母狼还是不明白。

酷酷猴解释说："你把小鹿分成11份，小母狼拿2份，你拿3份，小公狼拿6份，不就成了嘛！"

小公狼听了高兴了："哈哈，我分得的肉比你俩合在一起还多哪！"说着撒着欢儿跑了起来。

"分得不公平！你必须分给我点！"小母狼在后面追赶着。

"不要乱跑，留神母狮啊！"母狼边追边叮嘱道。

老猫一看机会来了，赶紧说："母狼走了，咱们快通过一线天！"

酷酷猴、花花兔在老猫的带领下迅速通过了一线天。

酷酷猴和老猫边走边聊天。酷酷猴问："你见过大怪物吗？"

老猫摇摇头说："没有，我听说大怪物长得又高又大，身上披着黑毛或者棕色毛，力大无穷，抓住一只狼，一撕就能撕成两半，另外听说大怪物还聪明过人哪！"

老猫指着前面的一片大森林，说："大怪物就住在前面的大森林里，你们去找他吧！"

酷酷猴冲老猫鞠了一躬，和老猫道别："谢谢老猫的帮助。"

不到一刻钟，酷酷猴和花花兔就到了大森林，越往里走，光线越暗。突然一条大蟒蛇蹿了出来，拦住了他们的去路。

花花兔大叫："妈呀！大蟒蛇！"

酷酷猴走上前对大蟒蛇说："请问，大怪物住在这座森林里吗？"

蟒蛇仰起头说："不错，伟大的大怪物就住在里面。不过，我现在非常饿。你们两个商量一下，谁给我当午餐，我就放另一个过去。"

"啊！要吃我们当中的一个？"花花兔的全身又开始哆嗦了。

酷酷猴自告奋勇地说："我愿意让你吃，只要你能捉住我，我就让你吃。"

花花兔在一旁急得直喊："猴哥，这万万使不得！"

"你来吃呀！你来吃呀！"酷酷猴在前面逗引着，蟒蛇在后面追。

酷酷猴边跑边回头对花花兔说："花花兔，你快进森林里去找大怪物！"

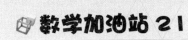
## 趣题探秘

### 1.（难度指数★★）

三条绳子长度的和是 84 米，三条绳子长度的比是 3:4:5，那么三条绳各长多少米呢？

### 2.（难度指数★★）

一个长方形的橄榄球场周长是 360 米，长与宽的比是 4:2，这个长方形球场的长与宽各是都少呢？

## 头脑风暴

森林里的一条河上有 2 座桥，一高一低，这 2 座桥都被接连而来的 3 次洪水淹没了。高桥被淹了 3 次，低桥反而只被淹了 1 次，这是为什么呢？

## 轻松一刻

在大自然中，狼是群居性极高的物种。同时，狼群也拥有着极为严格的等级制度。一个群狼的数量通常在 7 匹左右，也有部分狼群会达到 30 匹以上。狼群活动有领域性，狼群之间的领域范围不会重叠，一个狼群也不可能与别的狼群合作，它们会以嚎声向其他狼群宣告自己的领域范围，以此警示对方。

酷酷猴在前面跑，蟒蛇在后面紧追不舍。

酷酷猴回头说："我酷酷猴没多少肉，吃了我你也吃不饱！"

蟒蛇喘着粗气："吃了你先垫个底儿，待会儿再吃那只肥兔子！"

突然从树上跳下一个头戴面具，全身披着黑毛的高大怪物，挡住了蟒蛇的去路。

怪物大吼一声："大胆蟒蛇，不许伤害酷酷猴！"

蟒蛇气不打一处来："嘿！来个管闲事儿的！我把你再吞了，就差不多饱了。"

蟒蛇迅速地缠住了怪物："你比酷酷猴个儿大，我先把你吞了吧！"

怪物发怒了："让你尝尝我的厉害！嘿！"只见他双手用力往外一拉，活生生地把蟒蛇拉成了两段。

酷酷猴冲怪物一抱拳："谢谢这位壮士救我！还想请问壮士，你知道大怪物在什么地方吗？"

"跟我来！"怪物冲酷酷猴点点头。

酷酷猴跟着怪物来到一座小山前。

酷酷猴问："你这是要带我去哪儿呀？"

一转身，怪物不见了。酷酷猴正在纳闷儿，山后边传来了说话声："这可怎么办哪？"

酷酷猴转过小山，看见花花兔左手拿着圆柱形的木块，右手拿着一把刀，正在发愣。

"是你！"酷酷猴问，"你在这儿干吗呢？"

花花兔指着山洞的门说："这山洞有一个门，门上有 3 把锁，让拿这个木头块，削出一把钥匙，能打开这 3 把锁。"

酷酷猴问："开这扇门干什么？"

花花兔往门上一指："你看上面。"

只见门上写着"大怪物之家"几个字。酷酷猴高兴地说："好啊！我们终于找到大怪物了！"

花花兔把双手一摊："找到了大怪物的家，可我们也进不去呀！"

酷酷猴又仔细地观察门上的钥匙孔（见下图）。

花花兔说："这 3 个钥匙孔，一个是正方形，一个是圆形，另一个是正三角形。一个破木头疙瘩，怎么削也削不出能同时打开这 3 把锁的钥匙来呀！"

酷酷猴点头说："是很难。"他拿着这块木头在钥匙孔上比画着。

酷酷猴自言自语："一块木头开 3 把锁，必须要考虑木头的正面、侧面和上面 3 个不同方向才行。"

花花兔没有信心："我看哪，考虑8个方向也白搭！"

"有了！可以这样来削！"酷酷猴灵机一动，他开始用刀削木头。

"我看你能削出一个什么来？"不到一个小时，酷酷猴削出一把形状十分怪异的钥匙来（见下图）。酷酷猴拿着这把特殊的钥匙，说："这个东西叫'尖劈'，如果用手电筒从前往后照，影子是正方形，从右往左照，影子是正三角形，从上往下照，影子是圆。

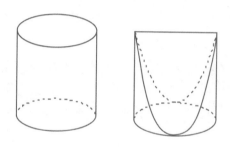

"太好了3个都有了。"花花兔高兴了。

酷酷猴找准一个方向："这样往里放是开正方形钥匙孔的锁。"只听"嘎嗒"一响。

酷酷猴换了一个方向："这样往里放是开三角形钥匙孔的锁。"又是"嘎嗒"一响。

酷酷猴又换了一个方向："这样往里放是开圆形钥匙孔的锁。"随着第三次的"嘎嗒"声，山洞的门打开了。

"门开了！一把钥匙开3把锁，绝了！"花花兔带头冲进了洞里。

洞里非常黑，还不时传来"咕！咕！"的怪声。

花花兔没走几步又退了出来："我有点害怕！"

可是好奇的花花兔又不甘心，还不时地探着头往洞里看。

突然，从洞里飞出一个东西。

酷酷猴大叫："留神！"话声未落，一个西瓜正砸在花花兔的脸上。

花花兔被砸了个满脸桃花开，一屁股坐到了地上："哎呀妈呀！什么秘密武器呀？"

"哈哈，打中了！""嘻嘻，真好玩！"洞里传出一阵欢笑声。

花花兔急了，她站起来，双手叉腰，冲洞里喊："躲在暗处使阴招儿，算不了什么本事！有本事的出来！姑奶奶跟你单挑！"

酷酷猴一哈腰，说了声："别跟他们废话了，跟我往里冲！"

## 开心科普

　　创造几何学的是埃及人，几何学因土地测量而产生。在古埃及每年的雨季，尼罗河河水泛滥，淹没了两岸的耕地。雨季过后河水退去，为了划清每个人田地的界线，就需要重新丈量，这就使得古埃及人的几何学逐渐发达起来。立体几何学的产生源自于古埃及人为法老建造的陵墓金字塔。在长年累月的建造活动中，他们能够把很多块巨石精确切割之后运到工地，再砌成雄伟的金字塔。

## 趣题探秘

### 1.（难度指数★）

观察下列图形，哪一个与其他的不同？

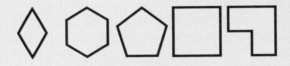

### 2.（难度指数★★）

右边图标哪一个与其它的不同？

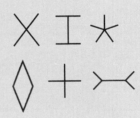

## 轻松一刻

　　观察右边立方体上面的 3 条线段，哪一条横着的线段与竖着的是垂直的呢？

　　酷酷猴和花花兔穿过一段山洞，来到了一片大森林，一个大怪物带着两个小怪物正等着他俩呢。

　　大怪物说："欢迎酷酷猴和花花兔来我家做客！"

　　小怪物："刚才我已经用西瓜欢迎过你们了！嘻嘻！"

　　酷酷猴问大怪物："你就是请我来的大怪物吧？"

　　大怪物点点头："不错，我就是大怪物。"

　　酷酷猴又问："你找我来干什么？"

　　大怪物说："外面都传说酷酷猴聪明得不得了！我把你请来，想跟你进行一次智力比赛，看谁最聪明！"说着大怪物拿出9个口袋，口袋里装有苹果。

　　大怪物指着口袋说："这9个口袋里分别装着9个、12个、14个、16个、18个、21个、24个、25个、28个苹果。让我儿子拿走若干袋，再让我女儿拿走若干袋，我儿子拿走的苹果数是我女儿的两倍，最后剩下1袋送给你作为见面礼。你能告诉我，送给你的这袋里有多少个苹果吗？"说完两个小怪物开始拿口袋。

　　两个小怪物分别把8袋苹果拿走，剩下了1袋苹果。

　　花花兔说："我想这些怪物没那么好心，准是把苹果数最少的那袋留给了你！你说9个准没错！"

酷酷猴却不这样想："人家救了我们的命，又送我苹果，对咱们不错。我要算一下才能知道有多少苹果。"

花花兔把脖子一歪："这可怎么算呢？"

"可以这样算，"酷酷猴说，"设他女儿拿走的苹果数为 1 份，那么他儿子拿走的苹果数就是 2 份，加在一起是 3 份。"

"是 3 份又怎么了？"花花兔不明白。

酷酷猴解释："这说明他俩拿走的苹果总数一定是 3 的倍数。"花花兔点点头说："这个我懂。"酷酷猴说："你把 9 袋的苹果数加起来，再除以 3，看看余数是多少？"

"这个我会算。"花花兔在地上计算：

$$9+12+14+16+18+21+24+25+28=167$$
$$167÷3=55……2$$

花花兔说："余 2。"酷酷猴又让花花兔继续算："你再算一下，这 9 个数中哪个数被 3 除余 2"

"这个简单。"花花兔说，"我心算就成 9、12、18、21、24 都可以被 3 整除，16、25、28 被 3 除余 1，只有 14 被 3 除余 2。"酷酷猴果断地说："送给我的这袋苹果有 14 个！"花花兔赶紧把苹果倒在地上，开始数："1 个、2 个、…… 14 个。一个不多，一个不少，正好是 14 个！"

"神啦！"两个小怪物看得两眼发直。

大怪物也连连点头："果然够神的！你来说说其中的道理。"

"道理很简单。"酷酷猴说，"你儿子和女儿拿走的苹果数是可以被 3 整除，但是总数却被 3 除余 2，这个余数 2 显然是最后留下的 1 袋苹果造成的，所以剩下的 1 袋苹果数应该被 3 除余 2。"

"有道理！"大怪物说，"该你出题考我了。"

　　酷酷猴没说话，先在地上写出一串数：1、2、3、2、3、4、3、4、5、4、5、6……

　　酷酷猴说："你看我写的这串数，让你在 30 秒钟之内把它的第 100 个数写出来。"

　　大怪物一听只有 30 秒的时间，赶紧让他的儿女轮着往下写："孩儿们，你们俩一人写一个，玩命往下写！"

　　"得令！"两个小家伙答应一声，就拼命地写起来。

　　儿子刚说："第 48 个。"

　　女儿就接着说："第 49 个。"

　　刚数到第 49 个，酷酷猴下令："停 30 秒钟已到。"

　　儿子摇摇头："哎呀妈呀！写这么快，还没写到一半。"

　　大怪物一脸怀疑："酷酷猴，你来写写看。我就不信你在 30 秒钟之内能写出来！"

　　酷酷猴冲大怪物做了一个鬼脸："傻子才一个一个地写呢！"

　　"不傻应该怎样写？"大怪物有点动气。

　　酷酷猴不慌不忙地说："根据这串数的规律，我每 3 个数加一个括号：（1、2、3）、（2、3、4）、（3、4、5）、（4、5、6）……每个括号中的第一个数就是按 1、2、3、4 排列的，第 100 个数应该是第 34 个括号中的第一个数，必然是 34。"

　　两个小怪物一同竖起大拇指："还是酷酷猴聪明！"

　　大怪物却大叫一声："不服！"

开心
科普

犹太人认为，宇宙与生活是相依生息的。据犹太人说，他们的生活法则就是"78:22 法则"。所谓"78:22 法则"，它是以一个正方形的内切圆关系计算出来的。假设一个正方形面积是 100，那么，它的内切圆面积则是 78.5，剩下的面积即 21.5，以整数计算表达，便是78:22。我们每时每刻呼吸的空气中气体的比例，氮气占 78%，而氧气占 22%。人体的比重，也是由 78% 的水及 22% 的其他物质所构成的。世界上 78% 的财富仅仅被 22% 的人口占有，而剩余的 78% 的人仅占有剩下的 22% 的财富。

## 趣题探秘

（难度指数★★）

这个轮盘的问号处，填上什么数字才是正确的呢？

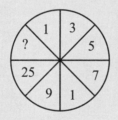

## 头脑风暴

（难度指数★）

如果把 24 个人按每行 5 人排列，共排成 6 行，该怎样排呢？

大怪物说："算个数，乃是雕虫小技！咱们来点真的！你敢吗？"

"你说说看。"酷酷猴艺高人胆大，并不在乎大怪物的挑战。

大怪物略显神秘地说："北边有一个恶狼群，共有 99 只，为首的是一只黑狼，这群狼凶残而好斗。咱俩到那儿去玩玩？"酷酷猴问："怎么个玩法？"大怪物说："咱俩分别到狼群前去叫阵，每次可以叫出 1 到 3 只狼，然后和它们搏斗。黑狼肯定是最后一个出来，谁能把黑狼斗败，谁就算胜利！"

酷酷猴点点头说："可以。"

"不可以！"花花兔急了。"大怪物长得又高又大，你却又小又瘦，别说出来 3 只狼，就是 1 只狼，你也对付不了，你这是白白送死啊！"

酷酷猴冲花花兔狡猾地一笑："不要着急，不要着急，我自有办法。"

酷酷猴转身对大怪物说："这里一个重要问题是，由于每次最少叫出 1 只狼，最多叫出 3 只狼，你必须赶上有黑狼在的那一拨儿，否则黑狼就归对方来治了。"

大怪物点点头说："你说得不错！那么谁先去叫阵？"

"当然是我了！"酷酷猴挺身向前，"你要跟在我的后面。花花兔，你来报告出阵的恶狼数目。"

"呜，呜——"花花兔开始哭泣了，"完了！完了！这次猴哥肯定没命了！呜、呜……"

酷酷猴安慰说："别哭，别哭，没事儿！"

酷酷猴、花花兔和大怪物一同向北行进。走了一段路，进了一片树林，大怪物说："到了！"

酷酷猴开始叫阵："怕死的恶狼，今天猴爷爷来收拾你们了，快出来3只恶狼受死！"

大怪物点点头："嘿，口气还挺狂！"

"嗯"的一声，3只狼从对面蹿出来。

花花兔开始报数："出来了3只狼！"

为首的一只狼，目露凶光："这只小猴子活腻了！嗷——"直奔酷酷猴扑来。

酷酷猴并不着慌,他拉住树条,随着一声"起！"身子腾空而起，让过了狼群，结果3只狼直奔大怪物冲去。

大怪物立刻慌了神："啊！不好3只狼冲我来了？"

大怪物躲不过去，只好奋起反击："让你们尝尝我的厉害！""嗨！嗨！"大怪物拳打脚踢抵挡狼的进攻。

为首的狼，头上挨了重重的一拳，大叫一声，倒在地上死了。剩下的两只狼，一看带头的死了，转头就往回跑。

大怪物大吼一声："哪里跑！"大步追了上去，一手抓住一只狼，狠命地往一起一撞，只听"嗷——"的一声，两只狼也命归西天了。

"打得好！"酷酷猴蹲在树上对大怪物说，"嘿，该你叫阵了！"

大怪物自言自语："我刚打死了3只狼够累的！这次我只叫出1只狼来。"

大怪物在阵前叫阵："给我滚出1只恶狼来！"

花花兔数道："第四只狼出来了。"没几下，大怪物把第四只狼打伤，跑了。

酷酷猴从树上下来，又开始叫阵："再出来 3 只恶狼受死！"

花花兔数着："第五、第六、第七只狼出来了。"

酷酷猴照方抓药，喊一声："起！"又腾空而起，还是大怪物迎战这 3 只恶狼。

大怪物边打边喊："嘿，怎么回事？这狼全归我来打！嗨！嗨！"

酷酷猴在树上笑得前仰后合："哈哈，这叫作能者多劳啊！"

这时花花兔郑重宣布："98 只恶狼已经打死，最后一只黑狼归酷酷猴叫阵。"

大怪物吃惊地说："啊！前面的 98 只狼都是我打死打伤的。最后的黑狼却归了他了！"

大怪物心里想："狼都是我打死打伤的，你酷酷猴一只也没打。这次我躲起来，看你酷酷猴怎样对付这只最凶狠的大黑狼！"大怪物躲在树后看热闹。

只见酷酷猴找来一条绳子，用绳子的一端做了一个绳套，另一端绕过树杈让花花兔拉住。酷酷猴站在绳套前，正好把绳套挡住。

酷酷猴大声喊道："黑狼，快快出来受死！"

"嗷——"的一声，黑狼冲了出来，眼看就要扑到酷酷猴了，酷酷猴抓住树条"噌"的一下蹿上了树，黑狼一头钻进了酷酷猴预先放好的绳套里。

黑狼此时才知道上当了："呀——坏了！进套了！"

"黑狼完喽！"花花兔用力一拉绳子，把黑狼吊在了树上。

大怪物从树后走出来，问酷酷猴："黑狼为什么让你碰上了？"

"规律。"酷酷猴解释，"要掌握规律，你想抢到 99，必须抢到 4m-1 形式的数。我先报出 1、2、3，你报了 4，我必须再要 3 只，到 5、6、7，因为 7=4×2-1，7 是属于这种形式的数。我每次都这样选，99 就一定归我。"

酷酷猴趁大怪物听得入神，一把拿掉大怪物的面具："嘿嘿！你给我露出真面目吧！"

花花兔惊叫："原来神秘的大怪物是黑猩猩！"

"不，不。"大怪物连忙解释，"我们不是黑猩猩，是大猩猩。"

花花兔问："大猩猩和黑猩猩有什么不同？"

大猩猩说："我们大猩猩是猩猩中最大的，身高可以达到 1.8 米，体重可以接近 300 千克。我们吃素，老年大猩猩背部长出白毛，称为银背，我们的毛发灰黑色。

而黑猩猩比我们小多了，他们的毛发是黑色的，他们动植物全吃，是杂食。你们和黑猩猩成了朋友，愿意不愿意和我们大猩猩也成为朋友？"

花花兔拉着大猩猩的手："谁会不愿意和最大的猩猩交朋友呢？"

# 数学加油站 24

## 数学趣话

战国时期，齐威王与大将田忌赛马，齐威王和田忌各有三匹好马：上马、中马与下马。比赛分三次进行，每赛一次以千金作为赌注。由于齐威王的马分别比田忌的相应等级的马要好一些，所以一般人都认为田忌必输无疑。不过，田忌采纳了门客孙膑(著名军事家)的意见，用下马对齐威王的上马，用上马对齐威王的中马，用中马对齐威王的下马，结果田忌以2比1战胜了齐威王而得千金。这就是著名的田忌赛马的故事。

## 趣题探秘

（难度指数★★）

1、2、3 三个数字能组成的最大的数是多少？

## 头脑风暴

5比0大，0比2大，而2又比5大。你知道是怎么回事吗？

## 轻松一刻

大黑熊需要把一根 200 公斤重的木头，从河流的上游运到下游，大黑熊自己重 200 公斤，那么它需要一艘载重多少的船呢？

# 第三章

## 非洲狮王

酷酷猴和花花兔一同往住地走，一路上，边走边聊。

突然，一只鬣狗挡住他俩的去路。

鬣狗傲慢地说："二位慢走！我们非洲狮王梅森，听说酷酷猴战胜了黑猩猩的头领金刚，狮王请智勇双全的酷酷猴和美味可口的花花兔去做客，一定要去！不去不行！"

花花兔大惊失色："什么？去狮子那儿！我还是美味可口的客人？叫我去送死呀！"说完，花花兔撒腿就跑。

"花花兔！你上哪儿去呀？"酷酷猴刚要去追，鬣狗一把拉住了酷酷猴。

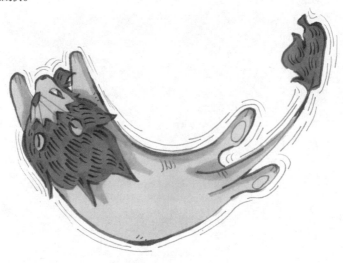

鬣狗说："兔子可以走，猴子不能走。"

花花兔回过头来对酷酷猴说："酷酷猴多保重，我先走啦！再见！"说完一溜烟地跑了。

鬣狗带着酷酷猴七转八转，来到一块大石头前。只见到一头雄伟、漂亮的雄狮蹲在石头上。

鬣狗赶紧向雄狮敬礼，然后说："报告狮王梅森，我把酷酷猴请到了。"

狮王梅森冲酷酷猴点了点头，说："欢迎！欢迎！久仰酷酷猴才智超群，今天能把你请到我的领地，真是三生有幸啊！"

酷酷猴问："不知狮王找我有什么事？"

梅森皱着眉头，先叹了一口气，说："我有一件难事想请你帮忙。"

酷酷猴说："狮王尽管说，我能帮忙就一定帮。"

狮王梅森刚要说，突然，从左右两边各杀出一头雄狮，左边的雄狮毛色发红，右边的雄狮毛色发黑。

左边的红色雄狮冲着狮工梅森大吼一声："嗷——什么时候分领地？"

右边的黑色雄狮也大吼："嗷——梅森快点分领地！"

狮王梅森发怒了，脖子上的鬃毛向上立起。

狮王梅森吼道："你们好大胆！敢对我狮王下命令！

我要教训教训你们两个浑球！"说完"嗷——"的一声向左边的红色雄狮扑去。

狮王梅森和左边的红色雄狮咬在了一起。

狮王梅森叫道："嗷——我咬你头！"

红色雄狮吼道："嗷——我咬你尾！"

右边的黑色雄狮一看打起来了，大吼一声："咱俩一起斗狮王梅森！"说着也扑过来助阵。

3 只狮子打成了一团。

"嗷——"

"嗷——"

"嗷——"

红黑两只雄狮不是狮王梅森的对手，且战且退，最后战败逃走。

酷酷猴竖起大拇指，称赞说："狮王就是狮王，果然厉害！"

狮王梅森却没因为胜利而高兴："他俩不会死心的，他们会引来更强大的雄狮，继续和我争夺领地。"

酷酷猴问："你的领地有多大？"

狮王梅森说："我也说不好。这样吧，我带你走一圈儿，你把它画下来。"

狮王梅森带酷酷猴一边用鼻子闻，一边走。路上遇到的狮子都起立向狮王梅森敬礼。

酷酷猴问："你怎么知道哪块地是你的领地？"

狮王梅森回答："凡是我的领地，我都留下了我的气味。"

酷酷猴又问："你是怎样留自己的气味的？"

"撒尿，或在树上、石头上蹭痒痒，都可以留下气味。"狮王梅森一边说一边做动作，逗得酷酷猴"嘻嘻"直笑。酷酷猴跟着狮王梅森沿着他的领地转了一圈，很快就把领地的地图画了出来（见下图）。

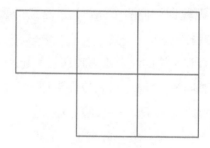

　　酷酷猴指着地图说："你的领地是由 5 个同样大小的正方形组成的。"

　　狮王梅森看着地图想了想，说："你把我的领地分成形状相同、面积一样大的 4 块。"

　　酷酷猴有点糊涂，他问："顶多是你们 3 只雄狮分，为什么要分成 4 块呢？"

　　"嗨！"狮王梅森摇摇头说："以后你就明白了。"

　　话音刚落就传来了阵阵的狮吼声。酷酷猴循声望去，果然不出狮王梅森所料，两只败走的雄狮带来了一头更健壮的雄狮。

　　红色雄狮指着狮王梅森，说："梅森，我们请来的雄狮绰号'全无敌'！你不是不知道他的厉害，识相点，你赶紧把领地分了，我们还给你留一份。不然的话，我们要把你驱逐出境，让你没有安身之地！"

　　雄狮'全无敌'不断怒吼，随时都要扑过来和狮王梅森决斗。

　　狮王梅森问："如何分法？"

　　红色雄狮说："把你的领地分成面积相等的 4 块。"

　　黑色雄狮插话："不仅面积相等，外形也要一样。"

　　雄狮'全无敌'也凑热闹："而且每块土地都要连成一片。"

　　狮王梅森冲酷酷猴一抱拳，说："这分领地的事，只好请老弟帮忙了。"

　　"好说。"酷酷猴拿出刚才分好的地图说："分好了！"（见下图）

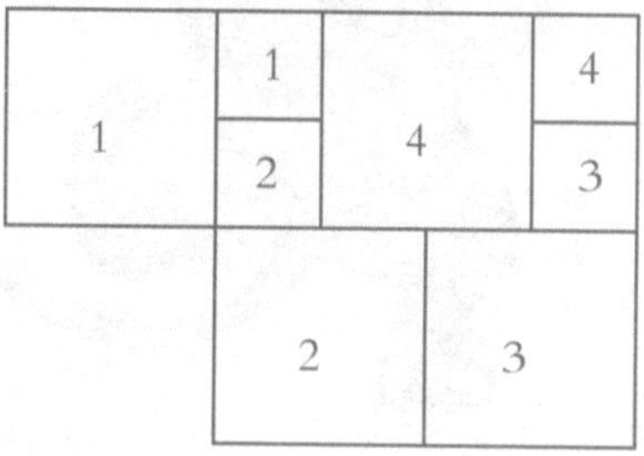

　　3个雄狮接过地图,开始争着要自己的领地。

　　红色雄狮:"我要这块!"

　　黑色雄狮:"我要这块!"

　　雄狮'全无敌'大吼一声:"我先挑!不然我把你们都咬死!"

　　听'全无敌'这么一说,红、黑两头雄狮乖乖地退了出来。'全无敌'挑了一块自己满意的领地,红、黑两头雄狮也各自挑了领地。

　　狮王梅森说:"为了避免我们之间因争夺领地而相互残杀,我同意把领地划分,现在领地分完了,今后谁也不许侵犯别人的领地!"

　　众雄狮答应一声:"是!"

# 数学加油站 25

## 数学趣话

古希腊数学家阿基米德的墓碑有一个图案，上面刻着一个圆柱，圆柱内有一个内切球，这个球的直径恰好与圆柱的高相等。相传这个图形表达了阿基米德最引以自豪的发现：图中圆柱的体积是球体积的 3/2，圆柱的表面积也是球表面积的 3/2。

## 趣题探秘

### 1.（难度指数★）

仔细观察一下，右边这个神奇的图形里，一共有多少个正方形？

### 2.（难度指数★）

右边 A、B、C 三个点是非常普通的三个点，现在，需要你画一个三角形，A、B、C 三个点要落在这个三角形每条边的中间，该怎么画呢？

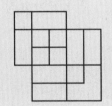

## 轻松一刻

一只绑在树干上的小狗，贪吃地上的一根骨头，但绳子不够长，差了 5 厘米。你能教小狗用什么办法抓着骨头呢？

　　狮王梅森陪着酷酷猴在领地内散步，一群小狮子在相互追逐。

　　酷酷猴感到十分奇怪，问狮王梅森："他们为什么互相追咬呀？"

　　狮王梅森解释："追逐猎物是我们狮子生存的基本功，狮子从小就要把同伴假想为猎物进行追逐的练习。"

　　这时一头瞪羚快速跑了过来。

　　酷酷猴叫道："看，一只瞪羚！"

　　一头母狮小声说："追！"两只母狮立即追了上去。

　　突然，一只雄狮跑了过来，拦住了母狮的去路。

　　雄狮大声命令："不许追，那是我的猎物！"两头母狮停住了脚步。

　　狮王梅森见状立刻跑了过去，站在了这头雄狮的面前。

　　狮王梅森大声咆哮："你侵犯了我的领地！"

　　这头雄狮自知理亏："我——跑得太快了！刹不住了！"

　　狮王梅森问道："难道你跑得比猎豹还快？"

　　雄狮很自信地说："我跑得肯定比猎豹、鬣狗都快！"

　　这时，猎豹和鬣狗从两个不同方向同时出现。

　　猎豹撇着大嘴说："一头小公狮子也敢吹牛？"

鬣狗拍了拍胸脯，大声说："是骡子是马咱们拉出来遛遛！你敢和我们比试比试吗？"

狮王梅森点点头说："好主意。我建议你们来一次追逐比赛，让酷酷猴当裁判，看看到底谁跑得更快。"

鬣狗一听，来了精神："好！让我先和狮子比。"酷酷猴拿出皮尺，量出 100 米。

酷酷猴说："你们俩同时跑 100 米的距离，看谁先到终点。"

雄狮跺了跺脚说："我一定先到！"

鬣狗把头向上一仰："我准赢！"

酷酷猴举起右手："预备——跑！"

一声令下，鬣狗和雄狮都奋力向前。

结果雄狮领先到达终点。

雄狮："哈！我先到了！我胜利啦！"

鬣狗垂头丧气地说："累死我了！"

酷酷猴郑重地说："狮子领先鬣狗 10 米先到达终点，狮子胜！"

鬣狗不服气地摇摇头："倒霉！我今天状态不好。"

酷酷猴又宣布："下面是狮子和猎豹比赛。预备——跑！"

雄狮和猎豹飞一样的跑了起来。

猎豹领先到达了终点。

猎豹高兴地说："哈哈！我胜了！"

雄狮把眼一瞪："我不服！咱们再比！"

酷酷猴做出裁决："我宣布，猎豹领先狮子 10 米到达终点，猎豹最后取得胜利！"

鬣狗跑过来，"呜呜"乱叫："不对！不对！我还没和猎豹比赛哪！怎么就宣布猎豹最后取得胜利哪？"

猎豹把嘴一撇，说："这还用比赛？我领先狮子 10 米，狮子领先你 10 米，咱们俩比赛我肯定领先你 20 米！"

鬣狗把头一歪，坚定地说："我不信猎豹能领先我 20 米！"

对于鬣狗的问题，大家不知如何回答，都把目光投向了酷酷猴。

酷酷猴镇定地说："猎豹肯定领先，但是领先不了 20 米，只能领先 19 米。"

猎豹忙问："为什么？"

酷酷猴说："我们来算一下：100 米距离猎豹领先狮子 10 米，狮子的速度是猎豹的 90％，而同样的距离狮子领先鬣狗 10 米，鬣狗的速度是狮子的 90％。这样猎豹的速度是鬣狗的 90％ ×90％ =81％。"

鬣狗忙说："这么说，猎豹跑 100 米，我只能跑 81 米了！"

酷酷猴点点头说："对！"

雄狮恼羞成怒，瞪大了眼睛说："你跑得比我快？我吃了你这个小豹子！"

狮王梅森大吼一声："有我狮王在，谁敢乱来！"

# 数学加油站 26

## 趣题探秘

### 1.（难度指数★★）

一位3米高的巨人要绕赤道环绕一周。他的脚底沿赤道圆周移动了一圈，他的头顶画出了一个比赤道更大的圆。已知地球赤道的半径是6371千米。在这次环球旅行中，这位巨人的头顶比他的脚底多走了多少千米？

### 2.（难度指数★★★）

如果一只狗跑5步的时间，马可以跑3步，而马跑4步的距离狗需要跑7步，现在让狗先跑出30米，然后让马来追，那么狗需要再跑多远，马才能追上它？

扫一扫看金牌教师
视频讲解

## 轻松一刻

一只黑熊从松树林去榛子林，1分钟后，有一只灰熊从榛子林去松树林。当黑熊和灰熊在途中相遇时，他俩哪一个离松树林比较远一些？

03
智斗野牛

一阵哀号声打断了狮王和酷酷猴的谈话，寻声望去，只见一只母狮一瘸一拐地走来——她负伤了。

狮王梅森跑过去，关切地问："怎么回事？你怎么伤得这么厉害？"

母狮说："我发现了一只小野牛，我迅速靠近，突然向小野牛发起了攻击。眼看我就要抓住了小野午。"

狮王梅森着急地追问："后来怎么样？"

母狮说："谁知，忽然从侧面杀出一头大公牛。大公牛用尖角把我顶伤。大公牛还说，就是狮王来了也照样把他顶翻在地！"

狮王梅森大怒："可恶的大公牛，敢口出狂言，竟敢顶伤我的爱妻，我找他算账去！"说完狂奔而去。

梅森很快追上了大公牛，怒吼道："大胆狂徒，给我站住！"

大公牛迅速回过身来，做好了迎击的准备。狮王梅森和大公牛怒目而视。

一旁的小牛依偎在大公牛的身边小声说："爸爸，我害怕！"

大公牛满不在乎地说："有我在，狮王也没有什么可怕的！"

大公牛的话有如火上浇油，气得狮王梅森鬃毛全立。

梅森大吼一声："拿命来！"张着血盆大口向公牛扑去。

　　大公牛也不示弱，低下头，两只角像两把利剑向狮王梅森刺去。一时狮吼牛叫，狮王梅森和大公牛打在了一起。

　　狮王梅森绕到了大公牛的背后，跳起来一口咬住了大公牛的后脖颈。

　　狮王梅森从嘴里挤出一句话："你的死期到了！"

　　大公牛疼得"哇哇"乱叫。

　　突然大公牛把牛眼一瞪，用力一甩头，大叫一声："去你的吧！"把梅森甩到了半空。

　　狮王梅森在半空中腿脚乱蹬："呀！我飞起来了！"

　　接着就听到"咚！"的一声，梅森重重地摔到了地上。

　　大家急忙跑过去把狮王梅森扶了起来。

　　狮王梅森问酷酷猴："你能帮助我制服大公牛吗？"

酷酷猴问："大公牛有什么特点吗？"

狮王梅森想了一下，说："他看见新鲜事特别喜欢琢磨，一琢磨起来就把周围别的事情都忘了。"

酷酷猴趴在梅森的耳朵边小声说："你可以这样、这样……但是有一条，你不许杀死大公牛！"梅森点头答应。

过了一段时间，梅森把一张狮王的头像挂在了树上（见下图），下面还写着一行字：

"在狮王这张头像中有多少不同的正方形？只有聪明人才能数出来。"

大公牛看到这张头像，立刻来了兴趣，他认真思考着："这里有多少正方形呢？1个、2个……"酷酷猴看到时机已到，对狮王梅森说："上！"狮王梅森飞似的冲向了大公牛。

小牛看到情况危急，赶紧提醒道："爸爸，狮王冲过来了！"可是大公牛数方格数上了瘾，根本没有听到小牛的提醒。

狮王梅森又跳起来咬住了大公牛。

大公牛还在数正方形。

狮王梅森趴在大公牛的背上问："你服不服？"

大公牛好像没听见一样，"4个、5个、6个……"继续数正方形。

大公牛这种漠视的态度，激怒了狮王梅森。他"嗷——"的一声狂叫，向下一用力，只听"扑通"一声把大公牛按倒在地上。

酷酷猴赶紧跑过来喊："停！停！"

公牛倒在地上，嘴里继续数着："8个、9个……"

狮王梅森张嘴咬住了大公牛。酷酷猴一看着了急，大喊："不许咬死大公牛！"

这时大公牛躺在地上说出了答案："我数出来了，一共有9个正方形。"

酷酷猴被大公牛这种专注、执着的精神所感动，他对大公牛说："不对，是11个正方形。你虽然数得不对，可是你的精神可嘉！"

大公牛不明白，他躺在地上问："我为什么数得不对？"

"数这种大正方形套小正方形的图形，最容易重复数或者数漏了。"酷酷猴连说带画："为了不数重，不漏数，应该把它们分成大、中、小三种正方形分别来数（见下图）。"

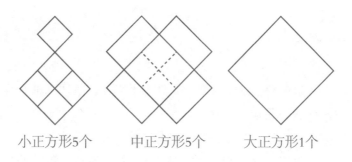

小正方形5个　　中正方形5个　　大正方形1个

"你看。"酷酷猴指着图说，"小正方形有5个，中正方形也有

5 个，而大正方形只有 1 个，合起来一共是 11 个。"

"对！还是把正方形分成几类，数起来清楚。"大公牛回过头来，狠狠地瞪了狮王梅森一眼，"哼，趁我数正方形的时候攻击我，算什么本事，否则，你狮王斗不过我的！"说完，大公牛轻蔑地瞟了一眼梅森，带着小公牛，愤然离去。

梅森呆呆地站在那儿，若有所思地望着大公牛远去的背影……

# 数学加油站 27

## 趣题探秘

### 1.（难度指数★★）

数一数下面的图形一共包含了多少个三角形？

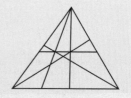

### 2.（难度指数★★）

下面 A、B、C、D 四个图形，哪一个和其他的不是同一类的，为什么？

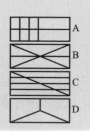

## 轻松一刻

### （难度指数★）

林间小路的路旁有一排树，每棵树之间相隔 3 米，请问第一棵树和第六棵树之间相隔多少米？

经过一番较量，狮王梅森亲眼见证了酷酷猴的聪明。

他对酷酷猴说："我也要变聪明一些，有什么诀窍吗？"

酷酷猴严肃地说："学习。只有学习。随时随地地学习。"酷酷猴转身看到地上有许多蚂蚁正在搬运一只死鸟。

酷酷猴指着蚂蚁说："你算算这里一共有多少蚂蚁？"

"这个好办。我问问他们就知道了。"狮王梅森低下头问，"喂，小蚂蚁，你们这儿一共有多少只呀？"

一只蚂蚁抬头看了看狮王梅森，说："有多少只我可说不好，只知道这只死鸟被我们的一只蚂蚁发现了，他立刻回窝里找来了10只蚂蚁。"

另一只蚂蚁接着说："可是这11只蚂蚁拉不动这只鸟，于是每只蚂蚁又回窝找来10只，仍然拉不动。每只蚂蚁又回窝找来10只。拉起来还是很费力。第四次搬救兵，每只蚂蚁又回窝找来10只，这才搬动了。"

狮王梅森听完这一串数字，捂着脑袋一屁股坐到了地上："我的妈呀！每次每只蚂蚁都搬来10只蚂蚁，这么乱，可怎么算哪？"

一只母狮看到狮王梅森着急，赶紧跑过来安慰。

母狮说："您是伟大的狮王，难道连小小的蚂蚁也对付不了？"

狮王梅森一听，母狮说得有理，他立刻站起来，又端起狮王的架子："说得也是，我狮王想知道的事，还能不知道！酷酷猴快告诉我怎样算？"

酷酷猴看狮王梅森真的想学，就说："蚂蚁第一次回窝搬兵一共回来了 1+10=11 只，第二次一共回来了 11+10×11=121 只，以后的几次你自己算吧！"

"我会了！"狮王梅森当然也不是笨货，他接着算，"第三次一共回来了 121+10×121=1331 只，第四次一共回来了 1331+10×1331=14641 只。"

酷酷猴说："其实，用每次回窝的蚂蚁数乘以 11，就等于这次搬回来的蚂蚁数。"

狮王梅森摇摇头："乖乖，一万四千多只蚂蚁才能搬动一只小鸟，我狮王动一下手指头，就能让小鸟飞出 20 米远！"说着梅森用前掌轻轻一弹，死鸟就飞了出去。

这一下蚂蚁可急了："哎，我们费了很大的劲儿才从那边搬过来，你怎么又给弹回去了？"

狮王梅森眼睛一瞪，吼道："弹回去了又怎么样？"

一只蚂蚁说："狮王梅森不讲理，走，回窝搬兵去！治治这个狮王！"

众蚂蚁也十分生气："对！搬兵去，让他知道知道我们蚂蚁的厉害！"

不一会儿，大批蚂蚁排着整齐的队伍朝这边涌来，一眼望不到头。

一头母狮见状大惊，对梅森说："狮王，不好了！无数的蚂蚁向咱们冲过来了！"

梅森把大脑袋一晃："不用怕！我堂堂的狮王，难道怕这些小小的蚂蚁不成？哼！"

众蚂蚁在蚁后的指挥下,向狮王梅森发起进攻。蚁后大叫："孩儿们，上！"

梅森也不示弱，张开血盆大口猛咬蚂蚁："嗷——嗷——怎么咬不着啊？"

不一会儿，蚂蚁爬满梅森的全身，咬得梅森满地打滚。

梅森痛苦地叫道："疼死我了！疼死我了！"

酷酷猴一看情况不好，赶紧跑过去向蚁后求情。

酷酷猴说："我是狮王梅森的朋友，狮王不该口出狂言，我代表他向你赔礼道歉！"

蚁后也是见好就收，她命令："孩儿们停了吧！"然后对梅森说，"狮王你要记住，我们每个蚂蚁虽然很渺小，但是人多力量大，我们倾巢而出，可以战胜任何敌人！"

梅森喘了一口气，问蚁后："你这一窝蚂蚁有多少只？"

蚁后说："有 $4 \times 4 \times 8 \times 125 \times 25 \times 25$ 只，自己算去吧！"

梅森想了想："我来做个乘法。"

酷酷猴说："不用做乘法。可以这样做，把4和8都分解成2的连乘积，把125和25都分解成5的连乘积：$4 \times 4 \times 8 \times 125 \times 25 \times 25 = (2 \times 2) \times (2 \times 2) \times (2 \times 2 \times 2) \times (5 \times 5 \times 5) \times (5 \times 5) \times (5 \times 5) = (2 \times 5) \times (2 \times 5) \times (2 \times 5) \times (2 \times 5) \times (2 \times 5) \times (2 \times 5) \times (2 \times 5) = 10 \times 10 \times 10 \times 10 \times 10 \times 10 \times 10 = 10000000$。"

"这么多零呀！"梅森瞪大眼睛问，"1后面跟着7个零，这是多少啊？"

酷酷猴回答："一千万只蚂蚁！"

梅森捂着脑袋："我的妈呀！我一个哪斗得过一千万只蚂蚁呀！撤吧！"

### 数学趣话

国王做了一项金王冠，他怀疑工匠用银子偷换了一部分金子，便要阿基米德鉴定它是不是纯金制的，而且不能损坏王冠。阿基米德捧着这项王冠整天苦苦思索，也没有想到好的办法。有一天，阿基米德去浴室洗澡，他跨入浴桶，随着身子浸入浴桶，一部分水就从桶边溢出，阿基米德看到这个现象，头脑中像闪过一道闪电，他兴奋地大叫："我找到了！"

阿基米德拿一块金块和一块重量相等的银块，分别放入一个盛满水的容器中，发现银块排出的水更多。于是阿基米德拿了与王冠重量相等的金块，放入盛满水的容器里，测出排出的水量；再把王冠放入盛满水的容器里，看看排出的水量是否一样，问题就解决了。这就是著名的——阿基米德定律。

### 趣题探秘

**1.（难度指数★）**

你能在 10 秒之内计算出 118 的 3/4 的 2/3 是多少吗？

**2.（难度指数★★）**

在从 1 到 9 之间，添加 2 个减号和 1 个加号，使等式成立。

123456789=100

### 头脑风暴

**（难度指数★）**

请在括号内填一个数，使下面式子能成立：98765432×（ ）= 888888888

"嗷——嗷——"几只小狮子在草地上互相撕咬着，就像撕咬猎物一样。酷酷猴怕他们受伤，跑过去想劝开他们。酷酷猴说："大家都是兄弟，不要打架，不要打架！"几只小狮子不识好歹，转过头来都来咬酷酷猴，吓得酷酷猴撒腿就跑。

酷酷猴边跑边喊："你们这些不知好歹的小崽子，我好心没好报！救命啊！"

小狮子们不管那套，继续在后面猛追。

酷酷猴跑到狮王梅森面前，说："狮王救我！"

梅森对小狮子吼道："不得对客人无理！"小狮子们乖乖地停住了脚步。

狮王梅森叫出4只小狮子来，说："小勇、小毅、小胖、小黑你们4个采取巡回赛的方式，进行格斗比赛，给我的客人露一手。"

一只小狮子问："大王，什么叫作巡回赛？"

梅森说："4只狮子的巡回赛，就是每一只狮子都要和其余的3只狮子，各斗一场。现在开始！"

4只小狮子答应一声："是！"就两两一对咬在了一起：

"嗷——"

"嗷——"

撕咬了一阵子，狮王梅森喊："停！"

梅森问一只小狮子："小黑，你胜了几场？"

小黑气喘吁吁地说："胜几场？我都斗糊涂了。我知道小勇胜了我，而小勇、小毅、小胖胜的场数相同，我也不知道我胜了几场。"

梅森不满意："一笔糊涂账！还是请聪明的酷酷猴给算算吧！"

酷酷猴见推辞不了，就开始计算："4 只小狮子巡回赛一共要赛 6 场。由于小勇、小毅、小胖胜的场数相同，所以这 3 只小狮子或各胜一场，或各胜两场。"

一只小狮子问："怎样才能知道这 3 只小狮子是各胜一场，还是各胜两场？"

"你的问题提得好！"酷酷猴解释说，"如果这 3 只小狮子各胜一场，那么剩下的 3 场都是小黑胜了，也就是小黑 3 场全胜。可是小黑败给了小勇，说明这 3 只小狮子不是各胜一场，而是各胜了两场。"

小黑着急了，忙问："我究竟胜了几场啊？"

酷酷猴冲小黑一笑："你胜了 0 场！"

小黑不明白："我胜 0 场是怎么回事？"

小勇说："你胜了 0 场就是一场没胜，全都败了呗！哈哈！"

小黑低下了头，觉得自己很没面子。

酷酷猴走到小黑的跟前，抚摸他的头说："不要灰心，下次努力！"

这时，一只独眼雄狮走进了狮王梅森的领地，梅森大吼一声冲了过去。

梅森愤怒地说："你侵犯了我的领地，赶紧出去，不然我就要咬死你了！"说完就要扑上去。

独眼雄狮并不害怕，他说："狮王不要动怒，我是来考查4只小公狮子的。刚才我看到4只小公狮子骁勇善斗，我想考查考查他们的智力如何？"

梅森发现独眼雄狮不是来侵占领地的，态度也有所缓和："你怎样考查？"

独眼雄狮拿出6张圆片，上面分别写着1、1、2、2、3、3。

独眼雄狮对4只小狮子说："谁能把这6个数摆成一排，使得1和1之间有一个数字，2和2之间有两个数字，3和3之间有三个数字。"

梅森问："你们谁会摆这些数？"除小黑外其余3只小公狮子都摇头。

独眼雄狮"哈哈"大笑："你们是一群只会打斗的傻小狮子，长大了也不会有什么出息……"独眼雄师把后半句话咽了回去。"嘿嘿！将来狮王梅森一死，这块领地就是我的了！"他在心里念叨着。

酷酷猴趴在小黑的耳朵上小声说："你这样，这样。"

小黑点点头："好，我明白了！"

小黑站了出来说："你不要高兴得过早！我不但能给你摆出来，还能给你摆出两种来！"说完他用圆片首先摆出了312132，接着又摆出231213。

小黑说："你看，1和1之间有一个数字2，2和2之间有两个数字1、3，3和3之间有3个数字1、2、1，符合你的要求吧？"

"啊！"独眼雄师吃惊地大叫一声，半晌说不出话来。

## 开心科普

中国的数学之最：最早的数学著作——《算数书》，成书于西汉早期；第一部最重要的数学专著——《九章算术》；最早发现勾股定理的人——周朝的商高；最早严格证明勾股定理的人——三国时期的数学家赵爽。

## 趣题探秘

1.（难度指数★）

右边这个神奇的罗盘里，问号的地方应该填什么呢？

2.（难度指数★★）

一个最小正整数，除 6 余 5，除 5 余 4，除 4 余 3，除 3 余 2，这个数字是几呢？

## 轻松一刻

（难度指数★）

猴子每分钟能掰一个玉米，在果园里，一只猴子 5 分钟能掰几个玉米？

小狮子小黑取得了胜利，可是狮王梅森还是一脸发愁的样子。

酷酷猴问："小黑取得了胜利，你为什么还发愁？"

"嗨！"梅森叹了一口气，"那头独眼雄狮是不会甘心的，他还会再来的。"

果然不出梅森所料，没过多久，独眼雄狮又来了。

独眼雄狮对梅森说："狮王，我有一头活的瞪羚想送给 4 只小狮子吃，你看怎样？"

梅森知道独眼雄狮不怀好意："白白送瞪羚，恐怕没有那么好的事儿吧？"

独眼雄狮先是"嘿嘿"一笑："我只是想做个小游戏。小狮子请跟我来。"

独眼雄狮先在地上画出一个 3×3 的方格，每个点上都标有数字（见下图）。

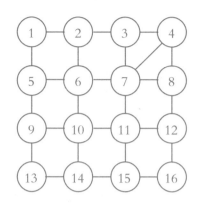

独眼雄狮说："13 号位上有一头瞪羚，让一头小狮子站在 7 号位。小狮子沿着这些小正方形的边去捉瞪羚，而瞪羚也沿着小正方形的边逃跑。每次都必须走，每次只能走一格。"

梅森问："瞪羚和小狮子，谁先走呢？"

独眼雄狮说："由于小狮子是捕猎的一方，当然是小狮子先走。10 步之内能够捉住瞪羚，这只瞪羚就归他们享用了。"

梅森又问："如果 10 步之内捉不到呢？"

独眼雄狮把独眼一瞪叫道："捉不到，这只小狮子必须提来两只瞪羚赔我！"

"我先来！送到嘴边的美食，岂能不要！"小狮子小勇自告奋勇站到了 7 号位。

小勇说："我从 7 号位跑到 11 号位。"

瞪羚说："我从 13 号位逃到 9 号位。"

"嘿，你跑到 9 号位了？"小勇说，"我从 11 号位追到 10 号位，看你往哪儿逃？"

瞪羚迅速从 9 号位逃到 5 号位："我逃到 5 号位，你还是捉不着！"

"我从 10 号位追到 6 号位，你没处跑了吧？"

"我再退回到9号位。你还是捉不着！气死你！"

"我再追回到10号位。"

"我也再逃到5号位，你就是捉不着！"

"追！追！追！真要气死我了！"

"逃！逃！逃！气死活该！"

独眼雄狮把手一举，叫道："停10步已到，这头小狮子没捉到瞪羚，捕猎失败，要赔我两只瞪羚！"

狮王梅森气得脸色像猪肝一样难看："小勇是废物！"

酷酷猴悄悄地把小狮子小黑叫到一边，趴在小黑耳朵上小声说道："你只要先绕一个小圈儿，一定能够捉住瞪羚。"

小黑点点头说："好！我去试试！"

见到小黑要出场，独眼雄狮得意地说："又一个想赔我两只瞪羚的。好！小狮子你也站到7号位，让瞪羚还站在13号位。开始！"

小黑说："我从7号位追到4号位。"

小黑这一追可把瞪羚追糊涂了："怪了事了，他怎么越追越远哪？我怎么办？我往哪儿走？干脆，我先从13号位走到14号位，看看情况再说。"说完就跑到14号位。

小黑不慌不忙地又连追了两步："我追到8号位，再从8号位追到7号位。"

瞪羚更糊涂了："这个小狮子肯定有毛病！转了一圈儿，又回到7号位。我从14号位跑到15号位，再跑到16号位。"这时瞪羚跑到了右下角。

小黑又开始追击："我从7号位追到8号位，再追到12号位。"小黑直逼瞪羚。

瞪羚一看不好，赶紧就往左边跑："我从16号位先逃到15号位，再逃到14号位。"

此时小黑可是步步紧逼："我追到 11 号位，再追到 10 号位。"

"我先逃到 13 号位。"但是瞪羚很快发现自己跑进了死角，下一步不管是跑到 9 号位，还是 14 号位，都将被捉。

瞪羚说："坏了，我跑不掉了！只好跑到 9 号位了。"

小黑立刻从 10 号位扑向 9 号位，捉住了瞪羚。

小狮子们高兴得又蹦又跳："噢！我们胜利喽！小黑在 10 步之内捉住瞪羚喽！"

眼前的这一切，独眼雄狮都看在眼里，他自言自语："看来，要想得到狮王梅森的这块领地，必须先要除掉那只给他出主意的酷酷猴！"

"后会有期！"独眼雄狮说完掉头就走。

# 数学加油站 30

## 数学趣话

中国数学之最：最早的计数方法——结绳计数；最早使用“0”的人——元代数学家李治、南宋的秦九韶；使用圆周率最早的人——东汉天文学家张衡，π = 3.1662；最早推算出圆周率精密数值的人——祖冲之，推算出 π 在 3.1415926 和 3.1415927 之间。

## 趣题探秘

1.（难度指数★★）

5 只鸡，5 天下了 5 个蛋，那么推算一下下 100 个蛋需要几只鸡?

2.（难度指数★★）

如果给你 8 个数字 8，怎样计算才能让它们等于 1000？

## 轻松一刻

（难度指数★）

一个小朋友花 19 块钱买了个玩具，20 块钱卖了出去。他觉得不划算，又花 21 块钱买了回来，然后又 22 块钱卖了出去。请问他赚了多少钱？

07
独眼雄狮有请

几天之后的一个清晨，一只陌生的小狮子向狮王梅森的领地飞奔而来。

梅森高度警惕地盯着这只小狮子："你是谁家的孩子？怎么跑到我的领地里来了？"

小狮子立即停住了脚步，先向梅森敬礼："向狮王致敬！"然后拿出一封信递给梅森，"独眼雄狮让我给您送一封信。"

"他给我写信？"梅森十分疑惑地打开信，只见上面写道：

尊敬的狮王梅森：

　　我想请您的尊贵客人——酷酷猴来我的领地做客，调教一下我的孩子。您不会拒绝吧？

梅森十分犹豫，面露难色。

酷酷猴不知发生了什么事，就跑过来问："狮王，出了什么事？"

梅森拿着信说："独眼雄狮请你到他的领地去做客。"

"他请我能有什么好事？"酷酷猴一摇头，"我不去！"

梅森解释说："按着我们狮子的规矩，有人请，就不能不去。"

"还有这种规矩？"酷酷猴无可奈何地说，"为了不破坏你们狮子的规矩，我只好去喽!"

梅森把胸脯一挺，说:"兄弟，你放心!如果独眼雄狮敢动你一根毫毛，我定把他碎尸万段!"

酷酷猴告别了狮王梅森，独自一人前往独眼雄狮的领地。

一跨进独眼雄狮的领地，一只小狮子迎面跑来。

小狮子见到酷酷猴，忙说:"欢迎聪明的酷酷猴!我赶紧回去告诉独眼雄狮去。"说完立刻往回跑。

酷酷猴笑了笑:"接待规格不低呀!还有专人迎接哩。"

随着一声低沉的吼声，远远看见独眼雄狮正向这边走来，刚才那只小狮子又一次率先跑来。

酷酷猴对小狮子说:"你怎么又跑回来了?"

小狮子擦了把头上的汗:"独眼雄狮马上就到。"

酷酷猴和独眼雄狮又见了面。

独眼雄狮用一只眼盯住酷酷猴:"欢迎你来帮助我们增长智慧。我先要请教一个问题。"

"请问吧!"

独眼雄狮说:"从狮王梅森的领地到我的领地，是 10 公里。你来我这儿的速度我测量过，是 4 公里 / 小时，我去迎接你的速度是 6 公里 / 小时。这只小狮子跑的速度是 10 公里 / 小时。"

"不知你想问什么?"酷酷猴有点等不及了。

独眼雄狮并不着急，他慢慢地说:"假设你、我和小狮子是同时出发的，小狮子跑得比我快，他最先遇到你。

遇到你以后他又跑回来告诉我，告诉我之后又回去迎接你。小狮子就这样来回奔跑在你我之间。请问，当我们俩相遇时，小狮子一共跑了多少路?"

酷酷猴对独眼雄狮出的问题有点吃惊:"哎呀!我说独眼雄狮呀!我一进你的领地，你就给我来个下马威呀!"

独眼雄狮"嘿嘿"一阵冷笑:"聪明过人的酷酷猴，不会连这么简单的问题都不会解吧？"

酷酷猴也"嘻嘻"一笑："这个问题的确不难。你、我、小狮子都是按着自己的速度运动。你和我从出发到见面共用了 10÷（6+4）=1 小时，而在这 1 小时中，小狮子在不停地跑动，共跑了 10×1=10 公里。答案是小狮子一共跑了 10 公里。"

独眼雄狮一拍大腿："酷酷猴果然聪明过人，请吃刚捕到的瞪羚。"独眼雄狮立刻命两只母狮抬上了一只瞪羚。

酷酷猴看着瞪羚皱了皱眉头："对不起，我吃素。"

听说酷酷猴不吃，几只狮子和几只鬣狗"嗷"的一声扑了上来，抢食瞪羚，眨眼间只剩下一堆骨头。几只秃鹫在半空中盘旋，等待着啄食骨头上的剩肉。

酷酷猴提了一个问题："你这儿是狮子的领地，怎么会有这么多的鬣狗？"

独眼雄狮神秘地对酷酷猴说："这是一个秘密，他们是我请来和我们共同进行军事演习的。"

酷酷猴十分警惕，忙问："你为什么要搞军事演习？都是些什么人参加？"

"嘿嘿！"独眼雄狮先神秘的一笑，然后才小声说："这可是天大的军事秘密，我只告诉你一个人。参加的人员除了狮子还有鬣狗。"

酷酷猴又问："一共有多少人参加？"

独眼雄狮想了想，说："昨天全体人员参加了一次偷袭捕猎活动。出发前排成了一个长方形队列，回来后只排成了一个正方形队列。"

"长方形队列和正方形队列，这有什么不同？"酷酷猴不明白。

"当然不同了。"独眼雄狮解释说，"正方形的一边和长方形的短边一样长，但是比长边要少了 4 个人口。"

"为什么少了那么多人？"

独眼雄狮摇摇头说："咳，别提了。有 20 只鬣狗嫌分给他们的猎物少，开小差溜了！"

独眼雄狮突然一抬头："酷酷猴，你给我算一下，我现在手下还有多少兵？"

"这个不难算。"酷酷猴边写边算，"我先画个图（见下图），设正方形每边有 x 个人员，这时长方形长边为 x+4。由于长方形比正方形多出 20 个人员。所以可以列出方程

$$（x+4）x-x^2=20$$
$$（x^2+4x）-x^2=20$$
$$4x=20$$
$$x=5，x^2=25（个）$$

你现在还有 25 个兵。"

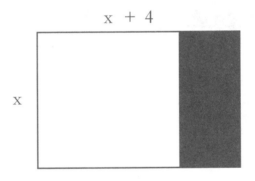

独眼雄狮高兴地说："好！我还有 25 个由狮子和鬣狗组成的精锐部队，够用了！"

正说着，狮王梅森手下的小狮子小黑，慌慌张张地朝这边跑来，"酷酷猴，不好了！狮王梅森中毒了！狮王让你马上回去。"

"啊！"酷酷猴听罢吓出一身冷汗。

# 数学加油站 31

## 趣题探秘

**1.（难度指数★★）**

观察下面的这个图形，数一数一共包含了多少个三角形？

**2.（难度指数★★）**

从这个角度观看下图中的魔方，用最快的速度回答出你一共看到了几个立体小方块？

## 轻松一刻

**（难度指数★）**

小猴子上树去摘西瓜，一分钟能摘 1 个，十分钟能摘几个？

08
变幻莫测

酷酷猴着急地对独眼雄狮说："狮王梅森叫我，我要马上回去。"

独眼雄狮把独眼一瞪，咬着牙根说："嘿嘿，你既然来了，就回不去了。来人，给我把酷酷猴捆起来！"

两只鬣狗将酷酷猴五花大绑，捆了个结实。

酷酷猴气愤地说："我是你请来的客人！怎么能这样对待我？"

独眼雄狮十分得意地说："不把你请来，我怎么去占领狮王梅森的领地呀！"

说完，独眼雄狮向狮子和鬣狗发布命令，"大家赶紧去做准备，明天一早就向狮王梅森发动进攻！"

狮子和鬣狗们齐声答应："是！"

酷酷猴心里想："狮王梅森中了毒，其余狮子没人指挥，肯定经不住独眼雄狮的进攻。我得想办法逃回去！"酷酷猴琢磨着该如何逃走。

这时，一只雌狮向独眼雄狮报告："报告独眼大王，我活捉了一只小角马。"

酷酷猴心里说："原来，这头独眼雄狮在他的领地里被称作独眼大王啊。"

独眼雄狮吩咐："捆起来，和酷酷猴放在一起，晚上一起吃了！明天好有力气攻打狮王梅森。"

酷酷猴见小角马非常悲伤，就小声对小角马说："咱俩不能在这儿等死，你把捆我的绳子咬断，咱俩一起逃吧！"

小角马用力点了点头："好！"

小角马的牙还真挺厉害的，只啃了几口，就把捆酷酷猴的绳子啃断了。酷酷猴又解开捆小角马的绳子。

小角马对酷酷猴说："快骑到我的背上，我跑得快！"酷酷猴点点头，骑上小角马飞奔而去。

一只放哨的鬣狗发现了他俩，赶紧跑回去向独眼雄狮报告："独眼大王，不好了！酷酷猴骑着小角马逃跑了！"

"啊！"独眼雄狮大吃一惊，忙下令，"给我全体出动，快追！"

但是已经来不及了。小角马驮着酷酷猴很快就跑进了狮王梅森的领地。

酷酷猴直奔中了毒的狮王梅森的床前。

梅森躺在床上，有气无力地说："我是吃了独眼雄狮进贡来的角马肉中毒的。"

酷酷猴紧握双拳，愤愤地说："独眼雄狮是有预谋的，他们要来进攻了。"

听说独眼雄狮要来进攻，梅森忙问："要来多少人？什么时候发动进攻？"

酷酷猴说："独眼雄狮调集了 25 只狮子和鬣狗，明天一早就来进攻！"

"唉！"梅森十分着急，"我这儿许多狮子也中毒了，能参加战斗的只有 12 只狮子，偏偏我也中毒了！"

酷酷猴安慰梅森："狮王你放心，我来指挥这场保卫战！"

梅森紧握着酷酷猴的手，激动地说："太好了！有你指挥，我就放心了！"

梅森大声发布命令："我以狮王的身份发布命令，大家今后都要听从酷酷猴的指挥！有敢违反者，以军法论处！"

全体狮子异口同声地答道："遵命！"

酷酷猴对群狮说："只要独眼雄狮捉不到狮王梅森，他们就不能算占领狮王的领地，所以大家一定要保护好狮王。现在我们要动手修筑一个方形的土城，把狮王放到城里保护起来。"

众狮群情激奋，高呼："誓死保卫狮王梅森！"

大家一起动手，很快把方形土城修好了。

第二天一早，独眼雄狮率兵前来进攻。

一名探子鬣狗跑回向独眼雄狮报告："报告独眼大王，他们修筑了一座土城，把狮王梅森放到土城保护起来了。"

独眼雄狮点点头，说："这一定是酷酷猴的主意。他怕我擒贼先擒王啊！"

独眼雄狮往前走了几步："让我来看看，他们还有多少只没中毒的狮子。每边只有 3 只，一共才有 12 只（见下图），还不到咱们的一半。准备进攻！"

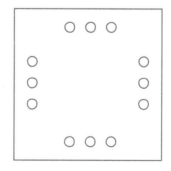

"当！当！当！"随着酷酷猴敲的一阵锣声，城上每边的狮子数突然增多了。

鬣狗指着土城说："独眼大王，你快看！每边不是3只而是4只了。"

独眼雄狮定睛一看："啊，怎么一眨眼工夫，每边就变成4只狮子了？（见下图）"鬣狗："这样一来，他们的总数可就变成16只了！"

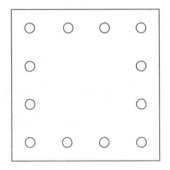

"当！当！当！"酷酷猴又敲锣了。

鬣狗指着土城，说："独眼大王快看，他们每边狮子数又增加了！"

独眼雄狮又数了一遍每边的狮子数："啊！一眨眼的工夫，每边由4只增加到了5只（见下图），这也太可怕了！"

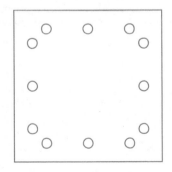

鬣狗问："独眼大王，咱们还进攻吗？"

独眼雄狮沉思了片刻："这个酷酷猴有魔法，趁他还没敲锣，咱们赶紧跑吧！"

小狮子小黑把刚才发生的一切，汇报给了狮王梅森。

梅森问酷酷猴："酷酷猴，你真有魔法吗？"

酷酷猴笑着说："我哪有什么魔法！我是不断把边上的士兵调到角上，角上的士兵一个顶两个用。因此，好像每边的狮子数在不断地增加。其实，总数一直没变，就是 12 只狮子。"

梅森一竖大拇指："好！再狡猾的独眼雄狮，也斗不过我们聪明的酷酷猴啊！"

"哈哈哈哈！"众狮子大笑起来。

## 开心科普

角马也叫牛羚，是一种生活在非洲草原上的大型羚牛。角马长得牛头、马面、羊须。头粗大而且肩非常宽，很像水牛；身体后部纤细，比较像马；它们颈部有黑色鬃毛，全身有长长的毛，并有短的斑纹。角马个头很大，体重可达 270 公斤，一般寿命都在 15 到 20 年左右。

## 趣题探秘

### 1.（难度指数★★）

往一个篮子里放鸡蛋，假定篮子里的鸡蛋数目每分钟增加 1 倍，这样，12 分钟后，篮子满了。那么，请问在什么时候是半篮子鸡蛋？

### 2.（难度指数★★）

下面的棋盘里一共有 16 颗棋子，试着拿走 6 颗，使棋盘里的每一行每一列的棋子数量都是偶数。

## 轻松一刻

一年 12 个月当中，哪一个月有 28 天？

09 寻求援兵

狮王梅森对酷酷猴说："根据我的经验，独眼雄狮决不会善罢甘休，他一定要卷土重来的。"

酷酷猴问："那怎么办？"

梅森说："你这种变换人数的方法，独眼雄狮很快就会识破。我们的狮子数少，我又中毒全身无力，你必须和小狮子小黑去寻求援兵，而且越快越好！"

酷酷猴安慰梅森："狮王，你安心养病，我一定完成任务。"

酷酷猴找到了小狮子小黑："小黑，咱俩先去哪儿搬救兵？"

小黑说："先去找猎豹，猎豹跑得最快！打起仗来是把好手。"

小黑一路走，眼睛不断地往高处看。

"你找猎豹，为什么总往高处看？"酷酷猴不明白。

小黑说："猎豹经常趴在高处休息。"

果然，酷酷猴看到两只猎豹正趴在高坡上。猎豹身上漂亮的花纹，十分醒目。

小黑冲猎豹叫道："喂，猎豹，请下来，我找你们有话说。"

猎豹一脸不高兴的样子："我们哥儿俩正做题呢！做不出来是不会下去的！"

小黑着急地说："狮王梅森中毒啦！独眼雄狮要来抢我们的领

177

地，我是来请你帮忙的。"

猎豹犹疑了一下："这样吧！你能把这道题做出来，我们就去帮忙！"

"成！"小黑一听是解题就高兴了，他知道酷酷猴是解题能手。

猎豹把题目从高坡上扔下来。小黑拣起来一看，题目是："把1到9这九个数，填进下面的9个圆圈里，使得3个等式都成立。"

$$\bigcirc + \bigcirc = \bigcirc$$

$$\bigcirc - \bigcirc = \bigcirc$$

$$\bigcirc \times \bigcirc = \bigcirc$$

小黑摇了摇头："我一看这玩意儿就晕，酷酷猴，还是你做吧！"

酷酷猴并没有去接题，他对小黑说："其实你也很聪明，你完全有能力把它解出来。你解解看！"

小黑皱着眉头，看了半天题："我先做加法？"

酷酷猴说："不错，加法做起来最容易，可是你做容易的计算时，把有些重要的数给用了，做最难的乘法时怎么办？"

小黑想了想："照你这么说，我应该先做乘法。从1到9能组成乘法式子的只有两个：$2 \times 3 = 6$，$2 \times 4 = 8$。我先选定乘法运算 $2 \times 3 = 6$ 试试。剩下1、4、5、7、8、9这六个数再考虑加法：$1 + 4 = 5$，$1 + 7 = 8$，$4 + 5 = 9$。"

"分析得很好！"酷酷猴在一旁鼓励，"继续往下做。"

小黑也来精神了："我选定加法运算 $1 + 4 = 5$，这时只剩下7、8、9这三个数。这三个数显然不能组成一个减法等式，因为任何两个数相减，都不会得第三个数。"

酷酷猴说："不妨再换一组加法运算试试。"

小黑点点头："我选 $1 + 7 = 8$，剩下4、5、9，这是能够组成一个减法等式的，9−5=4。当我选 4+5=9 时，剩下的 1、7、8 也可以组成一个减法等式 8−7=1。

小黑高兴地说："好啊！我至少可以做出两组答案啦！"一组是：

$$①+⑦=⑧$$
$$⑨−⑤=④$$
$$②×③=⑥$$

另一组是：

$$④+⑤=⑨$$
$$⑧−⑦=①$$
$$②×③=⑥$$

猎豹看到小黑把题做出来了，就对小黑说："你们先走，过一会儿我们就去！"

酷酷猴问小黑："咱俩再去找谁？"

"大象！"小黑说，"大草原上人人都怕大象！大象的大鼻子一甩，不管是狮子还是鬣狗全都飞上了天！"

酷酷猴吐了一下舌头："如果甩我一下，还不把我甩到天外去呀！"

小黑带着酷酷猴，很快就找到了一群大象。

小黑说："狮王梅森请大象帮忙！"

为首的大象说："我和狮王梅森是好朋友，朋友有难，理应帮忙。不过我们有一个问题一直没解决，心里总不踏实。"

小黑说："这不要紧，聪明的酷酷猴是解决难题的专家。你说说看。"

大象说："我特别爱喝酒。我只有 3 只装酒的桶，大桶可以装 6 升，中桶可以装 4 升，小桶可以装 3 升。"

大象停顿了一下，又说："真不好意思，在我的影响下，后来我的老婆和儿子也喝上酒了。现在我只有一桶 6 升的酒，老婆非要 5 升，儿子也要 1 升，我用这 3 只桶怎么分法？"

酷酷猴说："这样办。你先把 6 升的酒倒满中桶，这时大桶中还有 2 升的酒。再把中桶的 4 升酒倒满小桶。

由于小桶只能装 3 升，这时中桶里还剩下 1 升。最后把小桶的酒再倒回大桶，大桶里就是 5 升了。你把大桶给你老婆，把中桶给你儿子就行了。"大象一竖大拇指："真棒！"酷酷猴说："棒是棒，可是你没有酒喝了。"这时小狮子小勇急匆匆跑来。小勇擦了一把头上的汗，说："独眼雄狮开始行动了，狮王让你们带着援兵赶紧回去！"

酷酷猴意识到事态严重，他把手一挥："大家跟我走！"

酷酷猴带领大象、猎豹急速往回赶。

猎豹紧握拳头，发誓："这次一定要和独眼雄狮血战到底！"

（1）最早使用小圆点作为小数点使用的是一位德国数学家，他的名字叫克拉维斯。

（2）中国是最早使用四舍五入法来进行计算的国家。

（3）被誉为"数学界的莎士比亚"的四大数学家是——欧拉、阿基米德、牛顿、高斯。

## 趣题探秘

### 1.（难度指数★）

观察下列数字的规律，在括号里填上正确的数字，使数列完整。

77、49、36、18、（ ）

### 2.（难度指数★）

观察下面的数字塔，问号的地方应该填上什么数字呢？

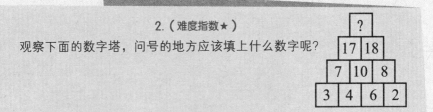

## 头脑风暴

### （难度指数★★）

几个学生排队上校车，4个学生的前面有4个学生，4个学生的后面有4个学生，4个学生的中间也有4个学生。请问一共有几个学生？

独眼雄狮回到自己的领地之后，也一直在和鬣狗商量如何找到更多的帮手，再次进攻狮王梅森的领地。

独眼雄狮的独眼闪着凶光："这次多找点帮手，一定要拿下狮王梅森！"

鬣狗谄媚地说："拿下狮王，您就是我们的新狮王啦！"

独眼雄狮站起来，大声叫道："这次我要请天上飞的，地上跑的，土里钻的，给梅森来一个上、中、下一齐进攻！"

鬣狗拍着手喝彩："好，好。您这是现代化的立体战争啊！"

独眼雄狮问："天上飞的请谁？"

"秃鹫！"鬣狗毫不犹疑地说，"秃鹫心狠手辣，骁勇善战。"

"对！还可以再请几只乌鸦。"

独眼雄狮又问："地上跑的请谁？"

鬣狗想了想，说："再找几只我们大个的鬣狗，我们鬣狗以凶残著称，连豹子也怕我们三分！"

"地下钻的呢？"

鬣狗说："鼹鼠！听说狮王梅森请了大象，大象最怕鼹鼠了。鼹鼠能钻大象的鼻子，哈哈！"

独眼雄狮高兴地一拍胸脯："好极了！咱们分头去请！"

鬣狗掉头就走："咱们快去快回！"

这边，狮王梅森也在和酷酷猴、大象、猎豹商量对策。

梅森问："我们怎样迎击独眼雄狮的进攻？"

酷酷猴说："我们必须掌握独眼雄狮的兵力部署，这样才能做到'知己知彼，百战百胜'。"

大象问："怎样才能了解到独眼雄狮的兵力部署？"

酷酷猴说："必须活捉他们一个成员，从他嘴里来摸清独眼雄狮的底细。"

两只猎豹站出来说："这个任务交给我们两个好了。"

"好！"梅森高兴地说，"猎豹是我们非洲草原上的百米冠军，又是伏击能手，你们去捉一个活口，定能马到成功！拜托了！"

两只猎豹埋伏在一个土坡后面，这时一只鬣狗走过来。

鬣狗边走边自言自语："秃鹫、鼹鼠都请到了，战胜狮王梅森是没问题了！"

猎豹哥哥小声说了句："上！"两只猎豹像离弦之箭扑了上去。

"啊！猎豹。快跑！"鬣狗撒腿就跑。

猎豹吼道："小鬣狗，你哪里跑！"

鬣狗哪里跑得过猎豹？没跑出 200 米，鬣狗就被猎豹扑倒在地。

猎豹兄弟把鬣狗押解回来，对梅森说："抓来一只独眼雄狮手下的鬣狗！"

"二位辛苦！"梅森先向猎豹兄弟道过了辛苦，然后开始审问鬣狗。

"独眼雄狮勾结了哪些坏蛋？你要从实招来！"

鬣狗把大嘴一撇，趾高气扬地说："我说出来怕吓着你！有高空霸王秃鹫，有地上精英鬣狗，有地下幽灵鼹鼠。怎么样？够厉害的吧！"

酷酷猴问："你说，他们总共来了多少个？"

"总共有多少嘛，"鬣狗眼珠一转说，"这个我还真说不清。"

狮王梅森一看鬣狗要滑头，勃然大怒："不说我就咬死你！"说着张开大嘴扑向鬣狗。

鬣狗赶紧跪下："狮王饶命！我说！我说！"

梅森两眼圆瞪："快说！"

鬣狗战战兢兢地说："我虽然不知道总数是多少。但是我看见独眼雄狮在地上写过一个算式：

$$○○○+○○○=1996$$

独眼雄狮说，我们的兵力总数是这 6 个圆圈中数字之和。"

梅森皱着眉头说："这都是什么乱七八糟的？是不想说实话吗？"

鬣狗一个劲儿地磕头："小的不敢，小的不敢。"

酷酷猴插话道："狮王不要动怒，有这个算式就足够了。这两个三位数的百位和十位上的数字都必须是 9，不然的话，和的前三位不可能是 199。"

小狮子小黑点点头说："说得对！"

酷酷猴又说："两个个位数之和是 16，这样 6 个圆圈中数字之和就是 9+9+9+9+16=9×4+16=52。算出来了，独眼雄狮兵力总数是 52 只。"

梅森听到这个数字，十分忧虑："独眼雄狮手下有 50 多只凶禽猛兽，又分上、中、下三路，我们很难对付啊！"

"那怎么办？"大象也没了主意。

酷酷猴想了一下说："大家不用着急，我自有退敌之法！狮子、大象、猎豹听令！"

大家异口同声地回答："在！"

# 数学加油站 34

## 趣题探秘

### 1.（难度指数★★）

一位老爷爷说："把我的年龄加上 12，再用 4 除，然后减去 15，再乘以 10，恰好是 100 岁."这位老爷爷现在有多少岁？

### 2.（难度指数★★）

黑松鼠、红松鼠、灰松鼠三个一共有 120 颗松果，红松鼠向黑松鼠借了 3 颗后，又送给灰松鼠 5 颗，结果它们三个的松果数量相等，请问黑松鼠、红松鼠、灰松鼠三个原来各有多少颗松果？

## 轻松一刻

### （难度指数★）

一只狼钻进羊圈里吃羊，过了半天狼出来了，可是为什么羊圈里的羊的数量却没有变化呢？

　　酷酷猴对大家说："现代战争的规律是空中打击开路，我想独眼雄狮一定会让秃鹫、乌鸦这些飞行动物，作为先锋来攻击我们！"

　　梅森着急地说："可是我们没有会飞的动物来迎击他们啊！"

　　酷酷猴说："这不要紧，请大象到河边用你们的长鼻子吸足了水，听候命令。"

　　"得令！"大象答应一声就出去做准备去了。

　　没过多久，就听到天空传来阵阵翅膀扇动空气的声音。

　　小黑往天上一指，喊道："你们快看，秃鹫飞过来了！"大家一看秃鹫和乌鸦以三角形编队飞来。

　　领头的秃鹫在空中高叫："狮王梅森拿命来！大家跟我攻击！"

　　秃鹫们一同朝梅森这边俯冲过来。

　　酷酷猴一举手中的令旗："大象预备，喷水！"几只大象举起长鼻子，鼻子里喷出的水柱，直射秃鹫和乌鸦。

　　秃鹫和乌鸦被水柱喷得东倒西歪："我的妈呀！这是什么武器？"

　　转眼间，秃鹫、乌鸦纷纷从空中掉下来。

　　狮子和猎豹立刻跑上去："投降不杀！""再动就咬死你！"

　　秃鹫和乌鸦被狮子和猎豹俘获。

小狮子向酷酷猴报告："报告指挥官，一共俘获 7 只秃鹫和 2 只乌鸦。"

酷酷猴问其中一只秃鹫："你们来了几只秃鹫？几只乌鸦？"

这只秃鹫说："连秃鹫带乌鸦一共来了 10 只，有一只跑回去报信去了。"

酷酷猴追问："逃走的是秃鹫呢？还是乌鸦？"

秃鹫回答："我不能告诉你。反正我们来的 10 只从 0 到 9 每只都编有一个密码，前几号是乌鸦，后几号是秃鹫，秃鹫比乌鸦多。"

酷酷猴眼珠一转，说："我不让你直接说出有多少只秃鹫，有多少只乌鸦。你只要告诉我，你能把被俘的 9 只分成 3 组，使各组的密码和都相等吗？"

秃鹫想了一下说："哦，可以。"

酷酷猴又问："你还能把这 9 只分成为 4 组，使各组的密码和都相等吗？"

秃鹫停了一会儿，说："哦，也可以。"

酷酷猴十分肯定地说："好了，我知道了，是 9 号逃走了，由于秃鹫比乌鸦多，9 号肯定是秃鹫！"

秃鹫吃惊地问："你怎么敢肯定是 9 号呢？"

酷酷猴分析说："因为 0+1+2+3+4+5+6+7+8+9=45，45 可以被 3 整除。逃走那只的密码必定可以被 3 整除，否则余下的密码之和不可能被 3 整除，也就是说不可能分成 3 组，使各组的密码和都相等。"

"说得对！"连狮王梅森都听明白了。

酷酷猴接着分析："这样，逃走的那只密码可能是 0，3，6，9。除去这几个密码余下密码之和分别是 45，42，39，36。由于还能把这 9 只分成为 4 组，只有 36 可以被 4 整除，45−36=9，逃走的必然是 9。"

狮王梅森竖起大拇指："分析得太棒了！"

酷酷猴又问："你们的三角形队列中为什么还加进两只乌鸦？"

秃鹫答："我们只有 8 只秃鹫，组成一个三角形队列需要 10 只，只好外找两只乌鸦来充数。"

逃走的秃鹫径直飞回大本营，向独眼雄狮报告："报告大王，大事不好了！秃鹫和乌鸦战斗队被大象的'水枪'打得溃不成军。他们都被俘了，只有我一人逃回来。"

"啊！这还了得！"独眼雄狮大惊，紧搓着双手来回走动。

突然，独眼雄狮两眼放出凶光，像个输红了眼的赌徒："鼹鼠战斗队立即出发，去钻大象的鼻子眼！给秃鹫和乌鸦报仇！"

众鼹鼠答应一声："是！"便迅速钻入地下，不见了踪影。

酷酷猴早有准备，他把耳朵贴在地面上，听地下传来的声音。

"嘘——地下有声音，是鼹鼠来了！大象快把鼻子举起来，防止鼹鼠钻鼻子。"酷酷猴嘱咐道。

大象"嘿嘿"笑着说："人们都传说大象最怕老鼠钻鼻子，这纯粹是谣言，我们堂堂大象怎么会怕小老鼠呢？真是笑话！"

大象话音刚落，"嗖嗖嗖！"一群鼹鼠钻出地面，直奔大象而去。

鼹鼠齐声喊着口号："钻大象鼻子，把大象痒痒死！"

大象先发出一声长啸："让你们尝尝大象的厉害！"

说完大象抬起象脚，"咚！咚！咚！"狠踩几脚，几只鼹鼠立刻成了鼠饼。

剩下的鼹鼠赶紧又钻回地里，逃命去了。

小狮子小黑高兴地跳起来："好啊！鼹鼠也被我们打败了！"

## 趣题探秘

**1.（难度指数★★）**

甲、乙两个人合打一份 10000 字的文件，甲每分钟打 105 个字，乙每分钟打 95 个字，那么他们几分钟可以打完？

**2.（难度指数★）**

两辆汽车从一个地方相背而行。其中一辆车每小时行 31 千米，另外一辆车每小时行 44 千米。经过多少分钟后两辆车相距 300 千米？

## 轻松一刻

有一个小圆孔的直径只有 1 厘米，而一种体积达 100 立方米的物体却能顺利通过这个小孔，这是什么物体呢？

12
最后决斗

一头狮子慌慌张张地跑来向独眼雄狮报告："报告大王，大事不好了！鼹鼠战斗队死的死，逃的逃，全军覆没了！"

独眼雄狮用力一跺脚，大叫："呀呀呀呀呀！这可如何是好！"

独眼雄狮用手拍着脑袋，独眼滴溜溜乱转。

突然，他想出一招棋。

独眼雄狮说："马上给狮王梅森写封信，约他和我单挑。我趁狮王梅森中毒，全身无力的时候，一举战胜他！"

"好主意！"鬣狗在一旁应和，"这叫做'乘人之危。'"

听了鬣狗的话，独眼雄狮眼睛一瞪："'乘人之危'不是什么好话吧！"

鬣狗讨了个没趣，红着脸走开了。

独眼雄狮的信很快就传到了狮王梅森的手里。

梅森一边看信，一边琢磨："独眼雄狮约我单打独斗，如果是从前，他决不是我的对手。可是现在我中了他下的毒！浑身没有力气，如何能战胜他？"

猎豹在一旁说："狮王不用发愁，我打听到一种草药能解此毒，吃了这种草药只需一小时毒性全消。"

梅森听罢大喜，冲猎豹一抱拳："有劳猎豹老弟了！"

猎豹转身"噌"的一声，就蹿了出去，来了两个加速跑，就不见了踪影。

梅森连连点头："真是好身手哇！"

过了有半个小时，猎豹就把草药采了回来。

"狮王赶紧吃下去。"

梅森十分感动，拍着猎豹的肩头说："真要好好谢谢你！"

梅森吃完草药，美美地睡了一大觉。

小狮子小黑跑来报告："报告狮王，独眼雄狮已经到了！"

梅森一看时间，吃了一惊："啊！还没到一个小时，草药的药力还没有发挥作用呢！这可怎么办？"

大家也很着急。

酷酷猴想了一下，说："狮王，你可以先和他斗智，拖延一点时间，等到了1小时，药力起作用了，然后再和他斗力。"

"对呀！我怎么就没想到呢！"

说话之间，独眼雄狮已经到了。他气势汹汹指着梅森说："决战时刻已到，今天我们拼个你死我活！你输了，赶快从你的领地上消失！"

梅森说："我接受你的挑战，不过咱俩要先斗智后斗勇。怎么样？"

独眼雄狮知道梅森中毒未好，所以满不在乎地说："可以。你死期已到，你是斗不过我的！先下手为强，后下手遭殃，我先出题。"

独眼雄狮想了一下，说："我打败你之后，将从你的金库中得到了一批金币。我把这批金币分给我所遇到的每一个动物。给第一个3个金币，给第二个4个金币，依此类推，后面的总比前一个多1个金币。把金币分完之后，再收回来重新平均分配，恰好每个动物分得100个金币。你告诉我，我一共分给了多少个动物？"

梅森说："这个问题如果是在过去考我，我肯定不会。现在不同了，我在中毒期间，跟我的好朋友酷酷猴学了不少数学，你这个问题是小菜一碟！"

独眼雄狮斜眼看了一眼梅森："先别吹牛，做出来才算数！"

梅森边说边写："假设有 x 个动物参加了分金币。第一个分得 3 个，3 可以写成 3=1+2，第二个分得 4 个，4=2+2，最后一个 x 必然分得（x+2）个。由于任意相邻的两个动物都是相差 1 个金币，所以第一次分时，第一个和最后一个分得的金币之和，恰好是收回来重新平均分配时，两个动物分得金币之和。列出方程

$$3+（x+2）=100×2$$
$$x=195（个）$$

算出来了！你一共分给了 195 个动物。"

梅森又说："该我出题了。我有红、黄、绿、黑、蓝 5 种颜色的动物朋友 100 个。其中红色的有 12 个，黄色的有 27 个，绿色的有 19 个，黑色的有 33 个，蓝色的有 9 个。我把这些朋友请到了一起。吃完饭天就黑了，看不清身上的颜色了。我想从中找出 13 个同样颜色的朋友，问从中至少找出多少个朋友，才能保证有 13 个同样颜色的朋友？"

独眼雄狮眉头一皱，说："你既然想找，为什么不趁天亮的时候去挑呢？非等黑灯瞎火时再挑！"

梅森把眼睛一瞪："我就想天黑了再挑！你管不着！"

独眼雄狮想了半天，也不会解这道题。他开始找辙："听人家说，13 这个数字可不好啊！你换一个数吧！"

梅森把狮头一晃，说："不换！你可耽误了太多的时间了！"

独眼雄狮目露凶光，他恶狠狠地说："反正我也不会做，我先咬死你吧！嗷——"独眼雄狮突然扑向狮王。

梅森对他的袭击早有防范，他往旁边一闪，说："早料到你就

会来这一手！嗷——"独眼雄狮和狮王梅森厮杀在一起。梅森一个猛扑，把独眼雄狮扑倒在地。

独眼雄狮吃了一惊："你中了毒了，为什么还有这么大的力气？"

"哈哈！"梅森大笑，"我毒性已解，我力大无穷！嗷——"狮王又一次把独眼雄狮扑倒在地。梅森张开血盆大口，直向独眼雄狮的喉咙咬去。

"狮王饶命！狮王饶命！我认输！"独眼赶紧求饶。

梅森说："我饶你一命可以，但是按照狮群的规定，你必须离开你的领地。"

独眼雄狮无奈地点了点头，不过他提了个要求："我离开之前，你能告诉我问题的答案吗？"

"可以。"梅森说，"至少找出 58 个朋友，才能保证有 13 个同样颜色的朋友。考虑取不到 13 个同样颜色动物的极端情况：取了 12 个红色的，12 个黄色的，12 个绿色的，12 个黑色的，9 个蓝色的，总共是 57 个。再多取一个必然有一种颜色的动物是 13 个。所以至少要找 58 个朋友。"

独眼雄狮凄然地说："都怪我老想着要做狮王，才落得今天的下场。以后我要到处流浪了！"

　　　　　　※　　　　　　　　　※　　　　　　　　　※

战斗结束了！

酷酷猴对狮王梅森说："我也出来好些日子了，有些想家了。再见吧！亲爱的梅森。非洲之行让我也长了许多见识，咱们后会有期！"

"再见！"大家依依不舍地和酷酷猴道别，含着泪水目送酷酷猴的身影渐渐消失在茫茫的草原上……

## 开心科普

算盘是我国劳动人民很早以前创造的一种计算工具，但我国最早的计算工具并不是算盘，而是"算筹"。算筹是用珠子或木头制成的小棒，用它的数量多少与纵横排列计数，按照一定的方法可以进行多种运算。

## 趣题探秘

### 1.（难度指数★）

两只鼹鼠要共同挖通一条长 119 米的隧道，它俩从两头分别开挖。黑鼹鼠每天挖 4 米，灰鼹鼠每天挖 3 米，经过多少天能把隧道挖通呢？

### 2.（难度指数★★）

一块梯形的玉米地，上底长 15 米，下底长 24 米，高 18 米。每平方米平均种玉米 6 株，这块地一共可种多少株玉米？

## 头脑风暴

### （难度指数★★★）

$3^2+4^2=5^2$，$10^2+11^2+12^2=13^2+14^2$，这是两个很有意思的等式，你还能找到这样的左右数字连续的等式吗？

# 智斗黑猩猩

| 章节 | 知识点 | 年级 |
| --- | --- | --- |
| 黑猩猩来信 | 逻辑推理 | 4-5年级 |
| 山中的鬼怪 | 鸡兔同笼 | 4-6年级 |
| 黑猩猩的游戏 | 乘积最小 | 3-4年级 |
| 坚果宴会 | 不等式比较 | 6年级 |
| 挑战头领 | 行程问题 | 5-6年级 |
| 双跳叠罗汉 | 逻辑推理 | 4-5年级 |
| 寻找长颈鹿 | 找规律 | 5-6年级 |
| 宴会上的考验 | 鸡兔同笼 | 4-6年级 |
| 我的鼻子在哪儿 | 容斥原理 | 4年级 |
| 遭遇鬣狗 | 还原问题、巧求周长 | 4年级 |
| 群鼠攻击 | 数的整除 | 5年级 |
| 毒蛇挡道 | 分解质因数 | 5年级 |

# 寻找大怪物

| 章节 | 知识点 | 年级 |
|---|---|---|
| 神秘的来信 | 分解质因数 | 5年级 |
| 要喝兔子粥 | 量率问题 | 6年级 |
| 长尾鳄鱼 | 量率问题 | 6年级 |
| 鳄鱼搬蛋 | 数列相加 | 3-4年级 |
| 破解数阵 | 数阵图 | 4年级 |
| 守塔老乌龟 | 分数运算 | 6年级 |
| 金字塔与圆周率 | 三角形运算、圆周率 | 6年级 |
| 老猫的功劳 | 找规律 | 5-6年级 |
| 母狼的烦劳 | 比例分配 | 5-6年级 |
| 蒙面怪物 | 立体几何、投影 | 6年级 |
| 看谁最聪明 | 数的整除、找规律 | 5-6年级 |
| 露出真面目 | 找规律 | 5-6年级 |

# 非洲狮王

| 章节 | 知识点 | 年级 |
|---|---|---|
| 雄狮争地 | 图形分割 | 4年级 |
| 追逐比赛 | 量率对应问题 | 6年级 |
| 智斗野牛 | 数图形 | 3年级 |
| 狮王战败 | 等比数列 | 5-6年级 |

| 章节 | 知识点 | 年级 |
|---|---|---|
| 训练幼师 | 逻辑推理 | 5年级 |
| 送来的礼物 | 规划问题 | 6年级 |
| 独眼雄狮有请 | 图形面积 | 4-5年级 |
| 寻求援兵 | 巧妙运算 | 4-6年级 |
| 立体战争 | 还原问题、规划问题 | 4年级 |
| 激战开始 | 数的整除 | 5年级 |
| 最后决斗 | 一元一次方程 | 6年级 |

全书
答案

扫一扫看标准答案

图书在版编目（ＣＩＰ）数据

酷酷猴非洲历险记：全彩解析版 / 李毓佩著. --
武汉：长江文艺出版社，2018.7
　　（奇妙的数学故事）
　　ISBN 978-7-5702-0191-4

　　Ⅰ．①酷… Ⅱ．①李… Ⅲ．①数学－少儿读物 Ⅳ.
①O1-49

中国版本图书馆 CIP 数据核字(2018)第 032744 号


责　　编：叶　露　杨　岚　　　　　责任校对：陈　琪
整体设计：一壹图书　　　　　　　　责任印制：邱　莉　胡丽平

出版：长江出版传媒　｜　长江文艺出版社

地址：武汉市雄楚大街 268 号　　　　邮编：430070
发行：长江文艺出版社
电话：027—87679360
http://www.cjlap.com
印刷：湖北新华印务有限公司

开本：640 毫米×970 毫米　　　1/16　　印张：13.25
版次：2018 年 7 月第 1 版　　　　2018 年 7 月第 1 次印刷
字数：144 千字

定价：28.00 元